Dr. Markus Strauß & Birgit Matz

Rezepte und Rituale im Rhythmus der Natur

Für dich ist gesorgt!

Selbstversorgung und Selbstfürsorge mit essbaren Wildpflanzen

nymphenburger

Inhalt

Wilde Gedanken vorneweg

In turbulenten Zeiten von maximaler Verunsicherung und eines gleichzeitig bevorstehenden Gesellschaftswandels ist die Sehnsucht nach Sicherheit besonders groß. Egal aus welcher Position heraus das Weltgeschehen erlebt worden ist oder aktuell erlebt wird: Auch in dir ist ganz bestimmt etwas in Bewegung gekommen. Selbst Mutter Erde, hier einmal ganz poetisch gesprochen, gerät in Wallung angesichts der menschengemachten »Entscheidungen«.

Die wilde Natur dagegen ist immer noch die wilde Natur; auch kleine Fehlentscheidungen kann sie selbst im Laufe der Zeit wieder reparieren. Die wild wachsenden Pflanzen leben nach ihren eigenen Gesetzen und sind damit auf eine Weise befreit und doch gerade darin uns Menschen dienlich. Sie wachsen sorglos und besonders großzügig, wenn der Standort stimmt. Auch du kennst das Gefühl der Fülle eines jeden neuen Frühlings, die ganz und gar verschwenderisch daherkommt, wenn es überall gleichzeitig blüht und wächst.

Du kennst sicherlich auch das Glücksgefühl, intensiv mit der Natur verbunden zu sein, ob im eigenen Garten oder beim Sammeln von essbaren Wildpflanzen im Wald. Die Art, wie diese Fülle uns nährt, ist eine grundlegende Erfahrung, ebenso wie die schützende und bedingungslose Liebe und Fürsorge einer Mutter für ihr Kind.

Das »Rundum-sorglos-Paket« ist allerdings immer noch ein Werbespruch, der zu 100 Prozent Absicherung verspricht und doch niemals in Erfüllung gehen kann. Das Leben spricht aus Erfahrung: Nichts ist sicher und nicht alles ist planbar. Auch ein Wildpflanzenjahr kann einmal zu trocken und ein anderes Mal zu nass sein. Doch die tiefgreifende Erkenntnis beim Erleben der Kraft mit und aus der Natur ist die beste Voraussetzung für die unausweichlichen Veränderungen im alltäglichen Berufs- oder Privatleben.

Die verschiedenen Ansätze im Umgang mit dem Essbaren aus der wilden Natur sowie mit der »Natur der wilden Natur« fordern und fördern Körper, Geist und Seele. Zusammenhänge werden erkannt, altes, wenn nicht sogar archaisches Wissen nimmt sich seinen Raum und wird auch gleich praktisch umgesetzt. Über den Geist kommen wir zum Körper, der unmittelbar von der gesundheitlichen Wirkung der essbaren Wildpflanzen profitiert. Doch auch

▲ Blühender Giersch: Die Blätter sind ein wertvolles und schmackhaftes Wildgemüse. Und auch die Blüten schmecken im Salat oder in Teig ausgebacken.

deine Seele wird gefüttert und erfährt durch Rituale und Übungen in der Natur ein tiefes Aufatmen, also nicht nur durch die heilsame Waldluft.

Mit jedem neuen wilden Tag kommt dann Entspannung in dein Leben – und auch das Gefühl von Fürsorge und Vorsorge, die du selbst erschaffen kannst.

Dabei werden niemand und nichts ausgebeutet oder geschädigt. Dabei nutzt du natürliche Ressourcen und altes Wissen unserer Vorfahren, die sich zusammen ganz geschmeidig an die moderne Zeit anpassen. Alle Tipps sind sofort umzusetzen. Egal ob in Küche, Garten, auf dem Balkon oder beim nächsten Spaziergang: Für dich ist gesorgt!

ENTSPANNT LEBEN MIT ESSBAREN WILDPFLANZEN

Die essbaren Wildpflanzen begleiten die Menschheit seit Millionen von Jahren. Dein Platz in dieser Zeit hat genauso viel Bedeutung wie jede wild wachsende Pflanze in der freien Natur, die sich herausdrängt und zeigt. Da bin ich! Da bist du!

Der wilde Prozess fängt beim ersten selbst gesammelten Blatt und dem daraus ersten selbst hergestellten Pesto, Spinat oder Saft an. Dieses Erfolgserlebnis ist der Beginn einer Reise, die dein Leben verändern wird.

Die erste Hürde ist geschafft: Mut! Einfach so wild zu sammeln, erfordert Mut. Sich ein Jahr lang intensiv auf Wildpflanzen einlassen: Ja, auch das braucht Mut. Darauf baut schließlich alles Weitere auf, auch wenn dich das ein oder andere Mal der Mut verlassen und gar der Frust einholen mag.

Die Auseinandersetzung mit der »wilden Natur da draußen« ist auch immer eine Begegnung mit der Natur in dir drinnen. Beides ist zutiefst lebendig und stets in Bewegung. Ein Rhythmus der besonderen Art, der mit allen Sinnen erfasst und erlebt werden muss, als ob du mit dem Ohr an einem Birkenstamm lauschst, wenn die Säfte im Vorfrühling anfangen zu steigen, oder einem Gierschblättchen bei der Entfaltung im Zeitraffer zuschaust ...

Im Jahresverlauf verändert sich das Angebot, die Auswahl, die Qualität, die Verfügbarkeit und vieles mehr (eben anders als im Supermarkt-Einkaufsparadies). Dein üblicher Kalender hilft dir dabei nicht, der stete und aufmerksame Blick beim Wald- und Wiesenspaziergang jedoch schon.

Mit deinem Mut im Sammelbeutel kann sich dieser so schnell füllen, dass du mit großem Staunen zu Hause in der Küche stehst und vor lauter Sammlerglück gar nicht mehr aufhören

▾ Frische Walderdbeeren – ein gesunder Hochgenuss!

kannst, dich zu freuen. Selbst gesammelt und selbst gemacht: wilde Selbstliebe in Reinform. Dein Körper jubelt und zeigt es dir auch: Vielleicht zu Beginn mit ungewohnten Begleitgeräuschen, jedoch ganz sicher mit einer besonderen Kraft, die sich nach und nach in dir entfaltet.
Kaum merklich wird es auch deine Umgebung feststellen, denn das mitessende Auge sieht auf dem Teller mehr Grüntöne und ab Frühsommer auch mehr Buntes. Die Zunge schmeckt auf einmal bitter, die Lust nach Süßem lässt dafür nach. Die (Bio-)Zutaten in der Küche verändern sich, oftmals gleich die Auswahl an Geräten mit.

DOCH DA IST NOCH ETWAS ANDERES …

Die Wildpflanze sucht sich den besten Standort, um zu wachsen und auch um sich zu »verschwenden«. Das liegt in der Natur der Sache, wie man so schön sagt. Ohne optimale Bedingungen wie Bodenbeschaffenheit, Sonne, Wasser und »passende« Umgebung hätte die Pflanze keine Überlebenschance oder schlechte Startbedingungen. In der Auseinandersetzung – fast wie im Dialog – mit der natürlichen Mitwelt erwirbt sie schließlich die für uns gesunden Inhaltsstoffe, primär durch ihre eigenen Widerstandskräfte (wobei hier Widerstand ganz positiv gemeint ist). Logisch, dass wir diese auch mitessen und für uns immunstärkend aufnehmen.
Nach ein paar Monaten des wilden Lebens wirst auch du spüren, dass du gerne an dem für dich besten Platz leben und deine Umgebung optimal (mit)gestalten möchtest.
Diese Veränderungen sind wie ein organisch wachsendes Wechselspiel, die sich in der Konsequenz im besten Fall auch in der Landschaft abzeichnen. Denn das Natur-Er-Leben spielt sich ja nicht nur in einem Garten- oder Waldstück ab. Der Blick weitet sich immer mehr – und eines Tages wird ein Stück Ackerland mit Mais, Weizen und Raps mit anderen Augen betrachtet. Die tiefen Spuren eines Harvester (Holzvollerntemaschine) sind unübersehbar und hinterlassen eine Spur von Traurigkeit im geliebten Wald, weil wieder ein Stück Waldboden für Jahrtausende zerstört worden ist. Jeder Besuch im Super- oder Biomarkt lässt erahnen, wie schlapp das Gemüse im Vergleich zu frisch gesammelten Brennnesseln oder Melde wohl sein mag …
Das in dir wild Gewordene lässt dich nicht mehr los und fordert dich auf, dranzubleiben. Du bist nicht nur Botschafter, sondern auch ein entscheidendes Puzzleteil für das neu zu zeichnende Bild des Wandels. Dieser kann (nur) mit einem ganzheitlichen Weltbild gelingen. Das Sammeln, Zubereiten und Genießen sowie das Ansiedeln und Anbauen von essbaren Wildpflanzen ist der erste, durchaus konsequente Schritt. Die Freiheit, die sich dadurch einstellt, ist unbezahlbar. Denn diese Freiheit ist mehr als nur ein Gefühl – du spürst sie mit allen Fasern deines Körpers. Und Freiheit schenkt dir Entspannung.
Willkommen in der wilden Welt!

Vitamin Grün –
Grünkraft essen!

Wo bleibt das Grün(e)?

Wir wurden in die moderne Welt hineingeboren und kennen es nicht anders: Der Supermarkt ist unser künstliches Paradies, hier spazieren wir mit dem Einkaufswagen durch die Regale und sammeln ein, was wir meinen, zum Leben zu brauchen. Das Sortiment bleibt das ganze Jahr über gleich. Nicht einmal in der Obst- und Gemüseabteilung muss man sich auf die Jahreszeiten einlassen, auch hier sorgt die agroindustrielle Produktions- und Logistikkette mitten im Winter für Nachschub: hochgezüchtet, auf Hochglanz poliert, EU-Normen entsprechend, fast wie aus dem Katalog. Jedes Kind weiß: Gesunde Ernährung besteht (auch) aus Obst und Gemüse, möglichst zwei Handvoll am Tag.[1]

Doch wie schaut es denn in der Realität aus? Was wird tatsächlich verzehrt? Was steht hoch im Kurs? Beim Obst sind Bananen und Äpfel die Spitzenreiter, beim Gemüse Tomaten, Gurken und Paprika. Botanisch gesehen zählen diese drei übrigens alle zu den Beeren, doch das nur am Rande. Die Frage ist: Wo bleibt das Grüne? Was ist mit der Auswahl an wirklich frischem Blattgemüse wie Spinat und Grünkohl, wo sind die hochwertigen Salate und Kräuter?

ES GRÜNT SO GRÜN ...

Auch wenn sich über die verschiedenen Ernährungsformen und Ratschläge trefflich streiten lässt und es zu jedem Trend den passenden Guru gibt: Die Natur macht es doch ganz natürlich vor. Welche grüne Pflanze wächst nach dem Winter als Erste hervor? Nein, es ist nicht der Bärlauch. Es ist das Scharbockskraut, das ab circa Ende Februar schon neugierig die ersten, extrem Vitamin-C-haltigen Blättchen hervorbringt und bis zum Erscheinen seiner Blüte als rohe Zutat zu genießen ist. Danach wachsen frühlingsfrisch Bärlauch und die Vertreter des wilden Triumvirats: Brennnessel, Giersch und Löwenzahn. Dieses neue Grün beinhaltet alles, was wir nach einem langen Winter brauchen. Doch wildes Grün hat nicht nur im Frühling Saison: Die Natur schenkt uns von März bis November grünes Blattgemüse, Heil- und Würzkräuter sowie Salate in Hülle und Fülle. Einige Arten können wir selbst in den Wintermonaten sammeln.

Von Natur aus ist das Grünzeug also als eine Basisversorgung für uns Menschen vorgesehen. Grüne Lebensmittel sind tatsächlich unsere Urlebensmittel, bei allen steinzeitlichen Sammler- und Jägerkulturen nahmen sie einen großen und verlässlichen Platz auf dem Speiseplan ein. Hildegard von Bingen prägte zu ihrer Zeit im Hochmittelalter den Begriff der »Grünkraft« – in ihrer Sprache »Viriditas« (von lat. viridis = grün) – als Basis für unsere Lebens- als auch Heilmittel. Auch ohne moderne Analysemethoden war ihr klar: Im Grünen steckt die Lebenskraft. Indem wir grüne Lebensmittel zu uns nehmen, gehen wir eine Rückverbindung mit unserer wahren Energiequelle ein, wir verbinden uns mit den nährenden und heilenden Qualitäten von Mutter Natur.

»Grün ist Leben!« So lautete ein bekannter Werbeslogan der Baumschulbranche. Dies ist tatsächlich ganz grundlegend richtig, denn ohne die Erfindung des grünen Farbstoffs Chlorophyll wäre unser Leben auf der Erde nicht möglich! Noch bevor grüne Pflanzen das Land besiedelten, erfanden die Algen in den Meeren den grünen Farbstoff Chlorophyll. Nur mittels Chlorophyll war es möglich, mit der Kraft des Sonnenlichts aus Wasser und Kohlendioxid Zucker herzustellen. Die Zuckerverbindungen bilden für die gesamte Nahrungskette die energetische Grundlage, auch für uns Menschen. Der bei der Photosynthese anfallende Sauerstoff nützt der Alge nichts, doch über die Jahrmillionen reicherte sich die Atmosphäre der Erde damit an und bereitete damit die Lebensgrundlage für alle Tiere und Menschen vor, die mit ihren Lungen den Sauerstoff aus der Luft atmen. Die spätere Entwicklung der Pflanzen verstärkte die Anreicherung unserer Luft mit Sauerstoff zusätzlich, doch die Wälder sind bis heute nicht die einzigen grünen Lungen der Erde – nach wie vor spielen hier die Algen der Meere eine entscheidende Rolle.

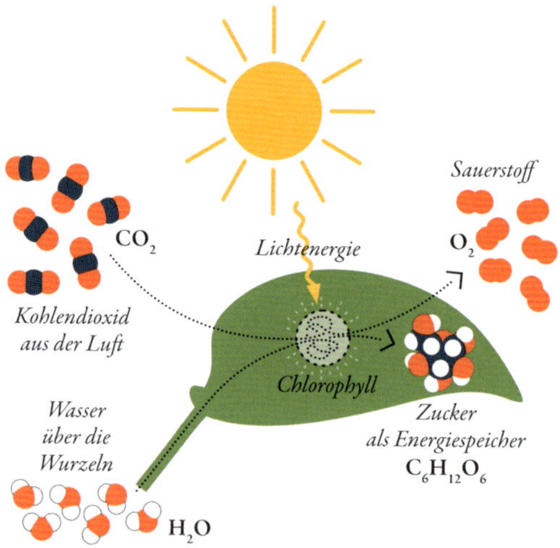

▲ Dank der Photosynthese, die Algen und Pflanzen betreiben, schaffen sie die Lebensgrundlage für alle Tiere und Menschen: Sauerstoff und gehaltvolle Nahrung.

Die Photosynthese, ohne die kein Leben auf der Erde möglich wäre, kann daher als die Atmung der Algen und Pflanzen verstanden werden. Algen und Pflanzen atmen Kohlendioxid ein und Sauerstoff aus – und ja, bei uns Menschen ist es genau anders herum: Wir atmen komplementär zu den grünen Lebewesen Sauerstoff ein und geben ihnen dafür beim Ausatmen Kohlendioxid zurück.

Doch damit noch nicht genug: Chlorophyll besitzt eine verblüffende Ähnlichkeit mit dem menschlichen Hämoglobin, welches als roter

Chlorophyllgehalt von Gemüse (mg/100 g Gemüse)

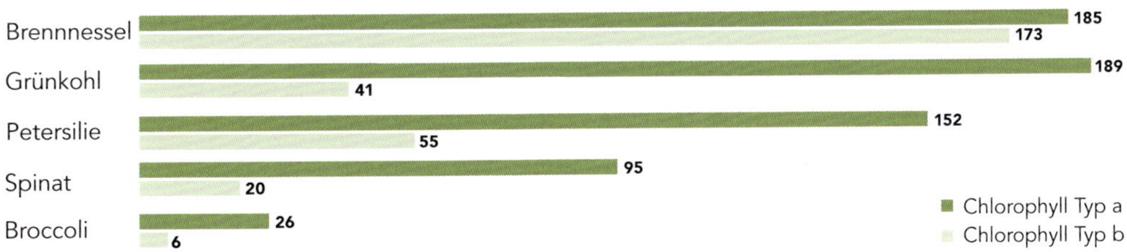

▲ Die weit verbreitete Brennnessel ist eine hervorragende Quelle für Chlorophyll.

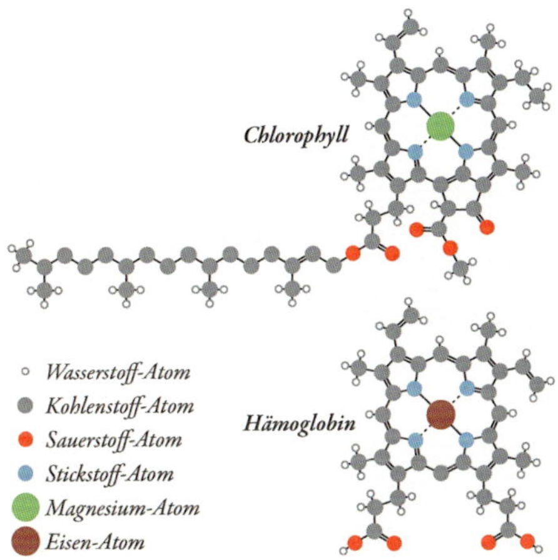

◄ Chlorophyll und Hämoglobin: Biochemisch sind sie sich sehr ähnlich.

Blutfarbstoff bekannt ist. Die biochemische Strukturformel ist nur durch das Teilchen Magnesium (Mg) bei den Algen und Pflanzen und das Teilchen Eisen (Fe) beim Menschen unterscheidbar. Ansonsten ist der Aufbau nahezu identisch.

Aufgrund dieser Ähnlichkeit ist es nicht verwunderlich, dass Chlorophyll im menschlichen Organismus blutbildend wirkt und damit hilft, unsere Atmung zu intensivieren. Des Weiteren wird Chlorophyll eine entzündungshemmende, antioxidative und entgiftende Wirkung zugesprochen. Auch die Wundheilung und das Hautbild sollen verbessert werden. Therapien der alternativen Medizin setzen dabei auf den Verzehr grüner Lebensmittel sowie auf die Einnahme von Algen wie Chlorella und Spirulina. In der Rohkosttherapie werden gezielt stark chlorophyllhaltige Pflanzen wie Gerstengras, Grünkohl oder Stangensellerie entsaftet. Während der letzten Jahre finden in diesem Zusammenhang auch die essbaren Wildpflanzen wie Brennnessel & Co. eine immer größere Beachtung. Völlig zu Recht, wie man anhand dieser Grafik leicht erkennen kann.

Angesichts dieser Zusammenhänge ist Hildegards hochmittelalterliche »Grünkraft« topaktuell. Unser Organismus sehnt sich nach mehr als einem wässrigen Eisbergsalatblatt im Burger – Grün ist ein echtes menschliches Grundbedürfnis, gerade auch im Bereich Ernährung.

Mit dem wilden Triumvirat fängt es an …

Löwenzahn, Brennnessel und Giersch sind sehr leicht zu erkennen, und du findest sie überall. Diese wertvollen Lebensmittel gedeihen massenweise am Waldrand, an Waldwegen, unter Hecken und – falls du das zulässt – auch in deinem Garten.

Wichtig ist nur, deinen Blick auf wilde Lebensmittel umzustellen: Sofort wirst du an vielen Stellen wilden Gemüsebeeten begegnen. Du wirst Lichtungen im Wald entdecken, auf denen sich ganze Stadtteile mit Blattgemüse versorgen könnten! Das Schöne bei diesen drei Arten ist zudem: Sie sind von März bis in den November hinein kräftig grün und frisch zu ernten. Wir empfehlen dir, an natürlichen Standorten zu sammeln, am besten am Wald-

rand und entlang von Waldwegen, da hier die Natur mittels Laubfall gedüngt hat und vor allem Brennnesseln und Giersch kräftig wachsen. Löwenzahn bester Qualität findest du zum Beispiel auf Streuobstwiesen. Die Randbereiche von Gewässern und Feldern sind hingegen oft durch Umweltgifte belastet, ebenso in der Nähe von stark befahrenen Straßen und bekannten Hundeausführstrecken. Die Ansiedlung des wilden Triumvirats in deinem Garten ist daher auch kein Witz, sondern eine echte Option.

Das möglichst frisch gesammelte Triumvirat sollte rasch verarbeitet werden. Damit das wertvolle Chlorophyll weitgehend erhalten bleibt, ist eine rohköstliche Verarbeitungsweise, bei der zudem die Zellwände optimal aufgebrochen werden, empfehlenswert. Nun wirst du sicher gleich fragen: »Brennnesseln soll ich roh essen?«, »Löwenzahn schmeckt doch ziemlich bitter«, oder: »Giersch hat ja schon einen recht eigenen Geschmack.« Die beste Zubereitungsform ist darum das Entsaften mit einem hochwertigen Horizontal-Entsafter.[2] Es gibt auch mechanische Entsafter – sogenannte Handpressen –, die ebenso nährstoffschonend entsaften, insbesondere, wenn nur kleine Mengen (1 bis 2 Gläser) gebraucht werden.[3]

Doch nicht nur mit einem Entsafter, sondern auch mit einem Hochleistungsmixer lassen sich hochwertigste rohköstliche Frischpflanzensäfte sowie grüne und bunte Smoothies zubereiten. Bei beiden Zubereitungsarten steht dir der Zellsaft inklusive des Chlorophylls und der anderen wertvollen Vitalstoffe komplett zur Verfügung. Als Saft oder Smoothie kannst

◂ Löwenzahn, Brennnessel und Giersch (v. l. n. r.) sind eine echte Bereicherung für die Küche, aus ihnen lassen sich vielfältige Speisen und Getränke herstellen. Zudem sind alle drei Pflanzen über viele Monate verfügbar.

▲ Ein Grüner Smoothie mit Wildpflanzen weckt die Lebensgeister.

du dir zum Beispiel die ganze rohköstliche Grünkraft des Triumvirats – wirf noch einmal einen Blick auf die Brennnessel in der Vergleichsgrafik Seite 11 – ins Glas holen.

Zu den genannten Wildkräutern werden noch Früchte wie Äpfel oder Orangen sowie Gemüse wie Staudensellerie oder Gurke verarbeitet. Natürlich dürfen Zitronen als weiterer Vitamin-C-Schub nicht fehlen.

Das nachfolgende und seit Jahren bewährte, beliebte Saftrezept lässt sich nicht nur mit Brennnesseln, sondern auch mit Löwenzahn und Giersch umsetzen – und selbstverständlich, je nach Jahreszeit, mit Vogelmiere, Schafgarbe, Wiesen-Labkraut und vielen anderen mehr oder einer Mischung daraus. Besonders ab März, wenn das Pflanzenwachstum beginnt, sind die Wildkräuter noch zart und mild im Geschmack. Der Genuss eines so hergestellten Saftes kann für Menschen mit empfindlicher Verdauung ein guter Start in die wilde Ernährungsform sein.

REZEPT

BRENNNESSELSAFT

Zutaten für 2 Gläser

- **2 Handvoll** Brennnesseltriebe
- **2** Äpfel
- **2** Zitronen
- **6–8 Stangen** Staudensellerie

Zubereitung

Die Zutaten waschen, die Zitronen schälen. Alles in grobe Stücke schneiden und in den Entsafter geben.
Den Saft möglichst sofort in kleinen Schlucken trinken.

JEDEN TAG ETWAS WILDES!

Hat es dir geschmeckt? Erweitere nach und nach dein wildes Spektrum – allein mit diesen drei Pflanzen kannst du noch zahlreiche weitere Gerichte und auch Getränke zubereiten. Dazu stellen wir im Kapitel »Die wilde Küche.« bewährte Rezepte vor. Unter www.dr-strauss.net findest du außerdem jahreszeitlich aktuelle Rezepte. Mit der Zeit wirst du vielleicht auch Lust auf weitere essbare Wildpflanzen bekommen, auch dann bist du herzlich eingeladen, dich auf dieser Seite zu informieren. Wir empfehlen dir, jeden Tag etwas wildes Grün zu essen, möglichst in Rohkostqualität. Die positiven Effekte auf dein Wohlbefinden wirst du dann bald selbst spüren können, da sind wir ganz sicher.

▲ Ein Salat ist der ideale Einstieg in die wilde Küche.

Mut zur Farbe – bunter essen

Natürlich bunt ist gesund

Wenn wir zu jemandem sagen: »Treibe es nicht zu bunt!«, warnen wir ihn vor Übertreibungen. Wie im vorherigen Kapitel geschildert, leiden wir heute unter einem gravierenden Mangel an grüner Kost, damit einer Unterversorgung mit Chlorophyll.

Doch wie sieht es bei den anderen Farben aus? Hier haben wir tatsächlich beides gleichzeitig: ein Überangebot in unserer Nahrung an künstlichen Farbstoffen und eine Unterversorgung mit echten, sekundären Pflanzenfarbstoffen. Wenn wir unseren Blickeinmal bewusst durch die Verkaufsregale in einem Supermarkt, einem Tankstellenshop oder einer Raststätte schweifen lassen, können wir leicht erkennen: Wir treiben es wirklich sehr bunt – nur eben leider künstlich!

Doch zunächst stellt sich die grundsätzliche Frage, warum denn unsere Lebensmittel auch bunt sein sollen. Welche Vorteile bringt es uns – außer ein »fröhliches« Aussehen auf Tellern und Tafeln? Der Volksmund sagt: »Das Auge isst auch mit!« So weit, so gut, doch da gilt es noch mehr zu entdecken, spannende Zusammenhänge, wie auch schon beim Chlorophyll (siehe Seite 10 f.).

AUFGABE DER FARBSTOFFE

Blüten, Beeren, Früchte und Gemüse leuchten uns inmitten des üppigen Grüns in allen Farben entgegen: in Weiß und Gelb, dann stecken sogenannte Flavonoide drin; in Orange und Rot, dann leuchten vor allem Carotinoide, und von dunklem Rot über Violett bis hin zu Blau und Schwarz nehmen die Anthocyane immer mehr zu. Je nach Färbung der Blütenblätter, Beeren, Früchte oder Gemüse ist also einer dieser Stoffe vorherrschend vorhanden oder es ist eine Mischung. Egal was nun genau drin ist: Allen gemeinsam ist die Eigenschaft, dass diese Stoffe freie Radikale neutralisieren können, eine Eigenschaft, die auch antioxidativ genannt wird. Da bei jeder auch noch so kleinen Entzündung in unserem Körper auch reichlich freie Radikale entstehen, wirken sie gleichzeitig antientzündlich und sind damit für unser Immunsystem sehr förderlich, da entlastend wirksam!

Ohne Zweifel sorgt die Natur gut für uns, doch sollte uns immer bewusst sein, dass die Pflanzen diese tollen Vitalstoffe in erster Linie für sich selbst produzieren: Die bunten Farbstoffe schützen auch die Pflanzenteile vor Schäden, zum Beispiel durch intensive UV-Strahlung. In der Evolution hängt die Entstehung der Antioxidantien mit dem Aufkommen der ersten Landpflanzen zusammen. Ein nachhaltig gesundes Pflanzenwachstum wäre unter den Bedingungen eines ungeschützten Dauerbeschusses mit UV-Strahlung unmöglich, da die hierdurch gebildeten freien Radikale Schäden im Gewebe und Erbgut verursachen würden. Doch damit nicht genug: Die leuchtenden Farben locken bestäubende Insekten an und später zudem Fressfreunde, die zusammen mit den bunten Früchten oder Beeren auch die Samen verbreiten und die Pflanze damit mobil machen.

Die Eberesche (Vogelbeere) mit leuchtend rotem herbstlichem Fruchtbehang ▾

EHRLICHER GEHALT AN VITALSTOFFEN

Doch in welchen Lebensmitteln steckt nun wie viel dieser für uns so gesunden Pflanzenfarbstoffe? Im Grunde ist es sehr einfach: immer den Farben nach gehen! Doch wir sind heute im Rahmen unseres mathematisch-naturwissenschaftlich geprägten Weltbildes sehr an möglichst genaue Zahlenangeben gewöhnt und würden gerne wissen, in welcher Blüte, Beere, Frucht oder in welchem Gemüse wie viel von welchem Vitalstoff steckt. Genaue Zahlenangaben vermitteln uns ein Sicherheitsgefühl – in diesem Fall soll es die Gewissheit sein, einen für unsere Gesundheit vorteilhaften Stoff in ausreichender Menge zu uns genommen zu haben. Zahlenangaben bis hin zu Milligramm und vielen Stellen hinter dem Komma sind uns heute von jeder Verpackung eines gekauften Nahrungsmittels vertraut. Für industriell gefertigte Nahrung wie etwa eine Tiefkühlpizza mag es möglich sein, solche Werte verlässlich anzugeben, doch bei frischem Obst und Gemüse und erst recht bei wilden Lebensmitteln ist dies unmöglich. Angesichts der genetischen Varianz innerhalb einer Pflanzenart, der Unterschiedlichkeit der Standorte hinsichtlich Bodenqualität, Klima, Exposition etc. und der in jeder Pflanzensaison anders verlaufenden Witterung sind als allgemein gültig an-

Vitamingehalt von Wildobst

in 100 g essbarem Anteil (Mittelwerte)

Vitamine	Sanddorn (Pulpa)	Holunder-beere	Hagebutte	Süße Eberesche	Kornel-kirsche
ß-Carotin (mg)	1,5	0,36	4,8	2,45	k.A.
Vit. B1 (mg)	0,034	0,065	0,058	k.A.	k.A.
Vit. B2 (mg)	0,21	0,078	0,067	k.A.	k.A.
Nicotinamid (mg)	0,26	1,48	0,48	k.A.	k.A.
Vit. C (mg)	100–1200	18	500–1700	40	70–90

Quelle: Lieberei/Reisdorff, Nutzpflanzenkunde, Thieme 2007

gegebene Punktwerte logisch betrachtet lächerlich. Solche Punktwertmessungen sind für die eine Beere oder das eine Blatt, welche untersucht wurden, sicherlich korrekt, doch die von dir gesammelte Beere oder das Blatt würde mit 99-prozentiger Wahrscheinlichkeit andere Ergebnisse zeigen.

Essbare Wildpflanzen sind zwar unsere artgerechten Urlebensmittel, schließlich haben wir diese über viele Jahrmillionen hinweg täglich gegessen, doch deren Inhaltsstoffe sind bis heute nicht systematisch untersucht. Warum dies so ist, darüber kann man nur spekulieren. Die Tatsache, dass mit essbaren Wildpflanzen, anders als mit patentierten Züchtungen oder Rezepturen, kein großes Geld zu verdienen ist, kann als Grund vermutet werden. Wie die Tabelle »Vitamingehalt von Wildobst« zeigt, ist unser Wissen lückenhaft, oft existieren keine Angaben (k. A.) oder nur Punktwerte, die, wie eben geschildert, nur eine bedingte Aussagekraft haben.

Bei einigen wenigen besser untersuchten wilden Pflanzen wie der Heckenrose und dem Sanddorn, deren Früchte wegen des hohen Gehalts an Vitamin C eine größere Bekanntheit und in einem geringen Umfang auch schon wirtschaftliche Bedeutung erlangt haben, zeigt sich ein interessantes Phänomen: Der Gehalt an Vitamin C im Fruchtfleisch der Hagebutten- und Sanddornbeeren ist generell hoch, schwankt jedoch in enormen Bandbreiten! Diese geben ein realistisches Bild des Pflanzenwesens wieder und spiegeln die Verhältnisse in der Natur hinsichtlich der genetischen Varianz innerhalb einer Art, der verschiedenen Bedingungen am jeweiligen Standort sowie der jährlich anders verlaufenden Witterung. Die moderne Forschung ist daher dazu aufgerufen, bei allen Arten der ess-

▲ Einheimische Vitamin C-Quellen: Hagebutten, die essbaren Früchte verschiedener Rosenarten (o.) sowie Sanddorn (r.)

baren Wildpflanzen deren Bandbreiten hinsichtlich der diversen Inhaltsstoffe herauszuarbeiten. Dies würde den Zugang zu diesen wertvollen Lebensmitteln für viele Menschen erleichtern und uns ganz nebenbei von der irreführenden Fixierung auf Punktwerte befreien.

DER ALLESKÖNNER: VITAMIN C

Vitamin C zeigt sich uns nicht als Pflanzenfarbe, in hohen Konzentrationen vielmehr als säuerlicher Geschmack – der Name Ascorbinsäure weist darauf hin. Das Allround-Vitamin ist in unzähligen Stoffwechselvorgängen involviert, es wird daher auch als das »Meistervitamin« bezeichnet. Wie die Farbstoffe, so zeichnet sich Vitamin C ebenso durch antioxidative Eigenschaften aus. Bevor wir auf die Farbstoffe eingehen, daher ein kurzer Blick auf das bekannteste aller Vitamine und sein Vorkommen in Lebensmitteln. Auch hier zeigt sich wieder: Die Natur bietet uns auch hinsichtlich Vitamin C reichlich wilde Geschenke an!

Gehalt an Vitamin C in wildpflanzlichen Lebensmitteln und Kulturgemüse (mg/100 g essbarer Anteil)

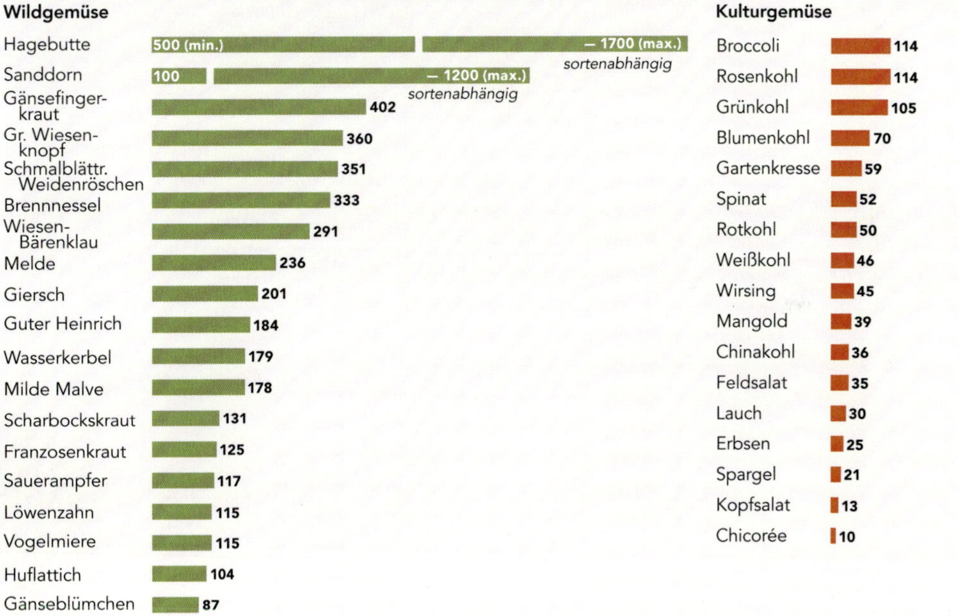

DIE BUNTE WELT DER SEKUNDÄREN PFLANZENFARBSTOFFE

Nun aber zu den drei Stoffgruppen, die, mal vorherrschend, mal in Mischung, die Farbenvielfalt der Pflanzen ausmachen:

Flavonoide

Als Flavonoide bezeichnet man eine sehr umfangreiche Gruppe von etwa 2000 sekundären Pflanzenstoffen, welche die gleiche chemische Grundstruktur aufweisen. Der Name leitet sich vom lateinischen Wort flavus ab, was »gelb« bedeutet. In reiner Form sind Flavonoide für das Farbspektrum der Blüten von Cremeweiß bis leuchtend Gelb verantwortlich. In der wilden essbaren Natur sind das zum Beispiel die Blüten von Linden, Holunder, Kamille oder Weißdorn. Alle diese Pflanzen sind auch schulmedizinisch als Heilmittel anerkannt. Flavonoide kommen nicht nur in Blüten, sondern

▲ Die Aronia, auch Apfelbeere genannt, enthält reichlich Antioxidantien.

auch in den Blättern zahlreicher Pflanzen wie Weißdorn, Goldrute und Birke vor, hier wird ihre Farbwirkung allerdings durch das Grün des Chlorophylls überdeckt. Erst bei der herbstlichen Verfärbung der Blätter kommt das Gelb nach dem Abbau des Chlorophylls auch für unser Auge zum Vorschein.
Das Immunsystem wird durch die antioxidativen und antibiotischen Wirkungen der Flavonoide in seiner Arbeit kräftig unterstützt. In der Regel werden diese in Wasser löslichen Pflanzenstoffe recht schnell wieder aus dem Körper ausgeschieden. Dadurch reichern sie sich nicht an und können problemlos auch im Rahmen von längeren Therapien eingesetzt werden. Manche Flavonoide wie Hesperidin und Rutin zeichnen sich durch eine Schutzwirkung für die Kapillargefäße aus und wirken durchblutungsfördernd. Sie sind zum Beispiel in Buchweizen und Zitronen enthalten.

Carotinoide

Das bekannteste unter den Carotinoiden ist das Beta-Carotin – auch Provitamin A genannt.

Carotinoide finden sich als Farbstoffe in Karotten, Süßkartoffeln, Kürbissen, Aprikosen, Hagebutten oder in den Blüten der Ringelblumen. Was kaum bekannt, aber für jeden in der Herbstfärbung von Blättern ersichtlich ist: Große Mengen Carotinoide stecken auch in allen grünen Blättern und Blattgemüsen! Löwenzahnblätter und die Brennnesseln sind daher weitere »wilde Bezugsquellen«. Auch hier wird die Farbe durch das grüne Chlorophyll überdeckt. Wie eingangs erwähnt schützen Pflanzen sich mittels dieser Farbstoffe gegen die schädliche Wirkung der durch die UV-Strahlung des Sonnenlichts entstandenen freien Sauerstoffradikale, sie wirken also als Antioxidantien. Indem wir sie über die Nahrung zu uns nehmen, können sie auch uns diesen Dienst erweisen und so mit ihrer zellschützenden Funktion unsere Immunabwehr stärken.

Anthocyane

Hinter diesem geheimnisvollen Begriff versteckt sich etwas sehr Schönes und zugleich Wirkungsvolles: ein dunkelrot-blau-violetter Pflanzenfarbstoff. Von den Schwarzen Johannisbeeren über die Aronia- und Heidelbeeren bis hin zu den Beeren des Schwarzen Holunders – sie alle haben diese stark wirksamen Antioxidantien in sich. Ihre Wirkweise auf unser Immunsystem ist der der gelb-weißen als auch der orangefarbenen Pflanzenfarbstoffe sehr ähnlich. Indem körpereigene Strukturen vor schädigenden Sauerstoffspezies geschützt werden, stärken sie sowohl die Abwehr- als auch die Regenerationskräfte des Körpers. Studien mit Leistungssportlern, denen während intensiver Trainingszeiten Aroniabeeren verabreicht wurden, erholten sich schneller als die Vergleichsgruppe, die keine Beeren erhielt. Gut zu wissen: Das Einkochen von Beeren oder das Dampfentsaften dieser Früchte schädigt die Wirkfähigkeit der Anthocyane nicht! Zudem sind auch sie wasserlösliche Pflanzenfarbstoffe, das heißt, sie reichern sich im Körper nicht an und müssen ständig wieder über die Nahrung aufgenommen werden.

Gehalt an Anthocyanen (mg/100 g Frucht)

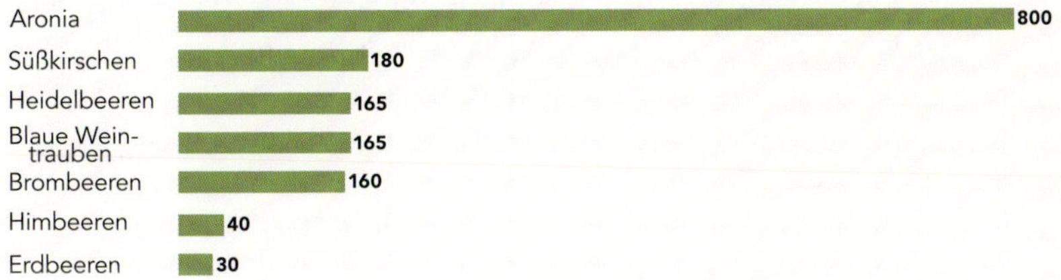

REZEPTE

Wie ist jetzt gut für dich gesorgt? Mit den folgenden außergewöhnlichen Rezeptvorschlägen ist die Selbstversorgung mit natürlichen Farbstoffen ganz einfach!

HAGEBUTTEN-KETCHUP

Von etwa Mitte September bis Ende Oktober können die reifen Hagebuttenfrüchte gesammelt werden. Daraus lässt sich ein Mus kochen, das man auch portionsweise einfrieren kann, um es bei Bedarf weiterzuverarbeiten. Mit verschiedenen Gewürzen wird daraus ein köstliches wildes Ketchup, das sicher nicht nur jungen Leckermäulern schmeckt.

Zutaten

100 g Hagebutten
30 ml Balsam- oder Apfelessig
20 g Ahornsirup, Akazienhonig oder Birnendicksaft
Steinsalz, schwarzer Pfeffer
Currypulver, Chilipulver

Zubereitung

Die Käppchen der Hagebutten entfernen, die Früchte waschen. Zusammen mit etwas Wasser in einem Topf einige Minuten aufkochen (Füllhöhe Wasser im Topf: etwa halbe Füllhöhe der Hagebutten). Die weichen Hagebutten mit der Flüssigkeit portionsweise in eine Passiermühle (Flotte Lotte) geben und zu Mus verarbeiten. Mit Essig, Ahornsirup und den Gewürzen abschmecken, noch mal kurz köcheln lassen. Das Ketchup heiß in ein Schraubdeckelglas füllen. Im Kühlschrank hält es sich einige Wochen.

BUNTES BEEREN-PORRIDGE

Wie zu Beginn des Winterhalbjahres ein einfaches Haferfrühstück mit vitalen Beeren aufgepeppt werden kann, zeigt diese Rezeptidee, die auch je nach Jahreszeit variiert werden kann.

Zutaten für 1 Portion

80 g Biohaferflocken
2 EL Aroniabeeren (frische oder über Nacht in Wasser eingeweichte getrocknete)
1 Handvoll reife Holunderbeeren (ca. 2 Dolden)
etwas Zimt- und Nelkenpulver
1 EL Honig

Zubereitung

Die Haferflocken in einem Schüsselchen mit etwa ½ Tasse heißem Wasser übergießen und 10–15 Minuten ausquellen lassen. Die Aroniabeeren und die Holunderbeeren (zuvor mit einer Gabel von der Dolde abbeeren) in einen kleinen Topf geben, mit Zimt- und Nelkenpulver je nach Geschmack vermischen und mit Honig und ½ Tasse Wasser kurz aufkochen. Die heiße Beerenmischung über die Haferflocken gießen.

Oxymele sind unser Geheimtipp, da sie zum einen schnell herzustellen sind, zum anderen eine einfache Form der Fermentation darstellen. Fermentiertes wirkt auf die Darmflora ausgleichend (siehe auch Seite 101). Die damit einhergehende immunstärkende Wirkung wird sich bei regelmäßigem Genuss sicher auch bei dir einstellen.

SANDDORN-OXYMEL

Ein Oxymel ist eine uralte Rezeptur, die sehr gesundheitsförderlich ist und neuerdings eine Renaissance erfährt. Das Elixier, aus den Grundkomponenten Essig und Honig, kann mit Kräutern, Beeren oder Fichtenspitzen angesetzt werden. Hier werden frische Sanddornbeeren und/oder Sanddornsaft verwendet. Somit pure Vitalität für Körper, Geist und Seele.

Zutaten

100 g frische Sanddornbeeren &
100 ml Sanddornsaft oder
200 ml Sanddornsaft
300 g Bioblütenhonig
100 ml Bioapfelessig
1 Prise Steinsalz
1 großes Schraubdeckelglas

Zubereitung

Beeren und Saft, Honig, Essig und Salz in ein hohes Glas geben und mit einem Stabmixer pürieren. Ohne Beeren den Saft mit den anderen Zutaten gut vermengen. Etwa 1 Woche durchziehen lassen und währenddessen das Glas zwischendurch immer wieder einmal gut schütteln. Kühl und dunkel gelagert (im Kühlschrank oder an einem kühlen Platz in der Speisekammer) ist es einige Wochen haltbar.

Als Getränk: **1–2 EL** Sanddorn-Oxymel in ein Glas geben und mit reinem Wasser auffüllen.

Als Salatdressing: **1–2 EL** Sanddorn-Oxymel mit **1–2 EL** Olivenöl, **1 TL** Senf, Steinsalz und schwarzem Pfeffer verrühren.

▲ Die Blüten sehen nicht nur fröhlich bunt aus, sondern schmecken auch hervorragend!

PFLANZENPULVER

Wenn das Sammeln von Beeren im Herbst mühselig oder gar unmöglich ist, können rohköstlich hergestellte Pflanzenpulver aushelfen. Gerade bei Hagebutten ist der Herstellungsprozess zu Mus oder Pulver recht aufwendig oder ohne Spezialgeräte gar unmöglich. So greifen auch wir den Winter über auf dieses vitale Beerenpulver zurück. Doch auch andere Beeren sind heute als Pulver in Reformhäusern oder Onlineshops in Bioqualität erhältlich. Bewährt haben sich neben Hagebutte auch Aronia, Heidelbeere, Johannisbeere sowie als grüne Ergänzung rohe Pulver aus Giersch, Löwenzahn oder Brennnessel, um im wilden Bereich zu bleiben.

BLÜTEN

Im Sommer, wenn in deinem Garten oder auf deinem Balkon sowie in der Natur alles blüht, kann diese bunte Pracht als Dekoration für Salate oder Suppen deine Alltagsküche ergänzen. Hierfür eignen sich die Blüten von Schafgarbe, Malve, Nachtkerze, Königskerze, Ringelblume, Indischem Springkraut u. v. m. besonders gut.

Dein Leben wird ab sofort bunt(er) – genieße diese echte Farbenpracht auf deinem Teller!

Lebenselixier Wasser

Das Urelement

Wer schon einmal bei einem Aufenthalt im Gebirge aus einer Quelle, einem Brunnen oder einem klaren Bergsee Wasser trinken konnte, weiß, wie natürliches Trinkwasser schmeckt und erfrischt. Heute mutet eine solche Szene archaisch an – wir können sie uns nur noch in den Alpen oberhalb der Almen sowie an besonderen Quellen und Brunnen in geschlossenen Waldgebieten erlauben. Das Erlebnis, ein Wasser dieser Qualität zu trinken, lässt sich kaum mit Worten wiedergeben und übersteigt Beschreibungen wie »schmeckt köstlich« und »ist erfrischend«. Ja, es schmeckt rein und es erfrischt, und doch ist da noch mehr. Da in einem solchen Wasser die Information der Landschaft gespeichert ist, wirkt das Trinken zugleich wie eine innere Berührung, denn wir gehen mit diesem Wasser auch eine innere Verbindung mit der Natur ein.

»Wasser ist das Urelement allen Lebens« oder »Alles Leben stammt aus dem Wasser«, so lauten grundlegende Weisheiten, die jedem vom Hörensagen her vertraut sind. Nach dem Sauerstoff in unserer Atemluft ist Wasser tatsächlich unser zweitwichtigstes Mittel zum Leben, noch weit vor allen feststofflichen Köstlichkeiten, in die wir hineinbeißen können und die wir daher auch als Lebensmittel wahrnehmen und so bezeichnen. Wird unser Gehirn auch nur für 2 Minuten nicht mehr mit Sauerstoff versorgt, haben wir ein ernsthaftes Problem, nach 2 bis 3 Tagen ohne Trinkwasser ebenfalls. Auf feststoffliche Nahrung können wir hingegen viel länger verzichten und sollten es ab und an sogar: Stichwort Fasten!

TRINKGEWOHNHEITEN

Die grundlegende Botschaft ist heute bei sehr vielen auch schon längst angekommen – die Faustformel »2 Liter am Tag« und die Wasserflaschen, die überallhin mitgenommen werden, belegen dies deutlich. Im Vergleich zu früheren Zeiten wird heute deutlich mehr Wasser getrunken, zum einen Leitungswasser, zum anderen Mineralwasser.

Lag der Pro-Kopf-Verbrauch von Mineralwasser in Deutschland im Jahr 1970 noch bei nur 12,5 Liter pro Jahr, so stieg dieser stetig an, überwand im Jahr 2000 die 100-Liter-Marke und liegt seit 2005 unter Schwankungen, doch kontinuierlich über 120 Liter. Der Höhepunkt wurde 2015 mit 149 Liter erreicht. Seither ist ein deutlicher Rückgang auf knapp über 120 Liter festzustellen, obwohl das Thema Trinkwasserqualität in der Öffentlichkeit einen immer

größeren Raum einnimmt und das Bewusstsein hierfür wächst.[4] Beginnt sich hier die wachsende Anzahl an Haushalten, die ihr Leitungswasser mit einem Sprudler aufpeppen oder mittels eines Wasserfilters von den Mineralbrunnen unabhängig machen, in der Statistik bemerkbar zu machen?
Zudem stellt sich hier die Frage: Welches Wasser ist gut für uns? Wir haben zur Auswahl: Leitungswasser, Flaschenwasser, jeweils mit oder ohne Kohlensäure, durch diverse Techniken gefiltertes Wasser sowie auf unterschiedliche Weisen sogenanntes energetisiertes Wasser. Kurzum: Eine unübersichtliche Situation, die im Alltag leicht überfordern kann. Um hier einen Überblick zu bekommen, ist es sinnvoll, kurz einige Schritte zurückzutreten. Schauen wir in die Menschheitsgeschichte und versuchen daraus abzuleiten, mit welcher Lösung wir wieder die Fülle und Güte der Natur genießen können und welches Wasser für unseren Körper als »artgerecht« gelten kann.

◂ Aromawasser selbst gemacht: Dafür wurden hier Lindenblüten in Wasser ausgezogen und zur Süßung mit etwas Apfelsaft gemischt.

Gesundes und lebendiges Trinkwasser

Unsere steinzeitlichen Vorfahren konnten aus allen Gewässern trinken, bedenkenlos und genussvoll. Aus jedem Bach- oder Flusslauf oder aus jedem See, der die Streifzüge bei der Jagd oder dem Sammeln kreuzte, konnte der Durst gestillt werden. Da das Oberflächenwasser vor der Erfindung von Landwirtschaft und Industrie überall völlig rein war, bestand auch keine Notwendigkeit, zum Wasserholen eine Quelle aufzusuchen oder gar, wie heute üblich, einen Tiefbrunnen zu bohren. Es ist, so denke ich, für jeden verständlich, dass das Trinkwasser unserer Vorfahren rein war. Doch es besaß darüber hinaus noch zwei weitere, sehr wesentliche Qualitätseigenschaften, die heute in der breiten öffentlichen Wahrnehmung immer noch keinerlei Rolle spielen.

Oberflächenwasser ist generell sehr arm an Mineralien und Spurenelementen. Das war es auch für unsere Vorfahren. Das samtweiche Trinkgefühl beim Genuss des frisch aus einem Bergsee geschöpften Wassers kommt genau daher. »Arm an Mineralien?«, hören wir viele schon fragen. »Das kann nicht gesund sein, die Mineralien sind doch wichtig!« Nun, das sind sie zweifellos, doch beziehen wir diese nicht oder nur zu einem winzig kleinen Teil aus dem Wasser, sondern über die Pflanzen, welche die Mineralien und Spurenelemente des Bodens im Rahmen ihres Stoffwechsels für uns aufbereiten. In diesem Zusammenhang muss zudem zwischen anorganisch gebundenen und organisch gebundenen Mineralien (eben solchen, die durch Pflanzen aufgearbeitet wurden) unterschieden werden. Hinsichtlich unserer Versorgung mit Mineralien und Spurenelementen ist dies ein ganz wesentlicher Faktor, da wir auf zellulärer Ebene die kleinen, im Wasser gelösten Gesteinspartikel (anorganische Mineralien) nur zu einem winzigen Bruchteil aufnehmen können. Im Gegensatz dazu ist die Resorptionsrate der pflanzlichen Mineralien, auch chelatierte Mineralien genannt, um ein Vielfaches höher.

Die zweite wichtige Tatsache ist, dass steinzeitliches Trinkwasser eine klar geformte, schöne Clusterstruktur besaß. Damit sind Kristallgebilde aus einzelnen H_2O-Molekülen gemeint, die zum Beispiel im gefrorenen Zustand bestimmte reproduzierbare Muster erkennen lassen. Da diese Phänomene zwar sichtbar sind, aber mit den heutigen naturwissenschaftlichen Methoden nicht erklärt werden können, wird dieser Bereich manchmal auch als esoterischer Hokuspokus abgetan und lächerlich gemacht.

Für jeden verständlich ist jedoch die Tatsache, dass Wasser in der freien Natur niemals »stur« geradeaus fließt, sondern immer mäandrierenden, wirbelnden Bewegungsabläufen folgt. Leitungswasser hingegen muss sich »soldatisch« geradeaus bewegen und im rechten Winkel um Ecken fließen. Außerdem steht es in der Leitung unter Druck – ein weiterer, grundsätzlicher Unterschied zum natürlichen Wasser, das zudem immer Kontakt zum Gesteinsmaterial am Grund der Gewässer hat. Dieses besteht im Schnitt zu 70 Prozent aus Mineralien der Quarzgruppe. Wie du das vielleicht von einer Quarzuhr her weißt, schwingen diese Mineralien in einer bestimmten Frequenz, die zur Taktung dieser Uhren genutzt wird. Und genau diese Schwingungen übertragen die Quarzgesteine auch auf das Wasser, denn es trägt die Informationen der Landschaft, durch die es hindurchgeflossen ist. Alle diese Faktoren bewirken eine charakteristische Formung der Clusterstrukturen im Wasser und lassen sich eben in den charakteristischen Wasserkristallbildern zeigen.

Fazit: Unsere Ahnen tranken 2,7 Millionen Jahre lang in erster Linie aus Bächen, Flüssen und Seen. Ihr Trinkwasser war

- völlig rein,
- arm an darin gelösten, anorganischen Mineralien und Spurenelementen,
- wies eine natürliche (klar geformte) Clusterstruktur auf.

WAS IST NOCH NATÜRLICH?

Erst vor 7800 Jahren begannen wir – erst nur begrenzt, seit der Industrialisierung aber vehement – das Wasser des blauen Planeten Erde zu verschmutzen. An den Bedürfnissen unseres Körpers nach einem für ihn artgerechten Trinkwasser hat sich in dieser kurzen Zeit nichts geändert: Unser täglich Wasser sollte rein, mineralarm und lebendig sein.

Eigentlich könnte es so schön sein: Mutter Natur versorgt uns unaufhörlich mit Wasser. Sein Kreislauf ist ein lebensspendender Prozess, bei dem alles Wasser der Erde ständig zirkuliert. Der Motor dieses Kreislaufs ist die Sonne. Die Wassermenge bleibt dabei immer konstant, einen »Wasserverbrauch« in diesem Sinne gibt es nicht.

Der große Wasserkreislauf, auch als atmosphärischer Wasserkreislauf bekannt, beschreibt die Zirkulation zwischen der Erdoberfläche und der Atmosphäre. Das Wasser verdunstet aufgrund der Wärmeenergie der Sonne aus Ozeanen, Seen, Flüssen, Feuchtgebieten und der Vegetation. Dabei ist es wichtig zu verstehen, dass nur die Wassermoleküle verdunsten, alles Feststoffliche wie Mineralien und Spurenelemente werden auf der Erdoberfläche, zum Beispiel in Form des Salzes der Meere, zurückgelassen. Die Wassermoleküle werden dann in die Atmosphäre transportiert, wo sie abkühlen und in Form von Wolken kondensieren. Diese bilden sich aus winzigen Wassertropfen oder Eiskristallen und können sehr unterschiedliche Formen annehmen. Wenn die Wassertropfen oder Eiskristalle in den Wolken groß und schwer genug werden, fallen sie als Regen, Schnee oder Hagel zurück auf die Erdoberfläche. Dieser Niederschlag kann direkt in Flüsse, Seen und Ozeane fließen oder in den Boden eindringen und als Grundwasser gespeichert werden. Das Wasser der Niederschläge ist frei von Mineralien, erst mit dem Einsickern in den Boden und vor allem nach einer langen Lagerzeit im Grundwasser werden Kalk und andere anorganische Mineralien darin gelöst.

Da wir heute aufgrund all der bekannten Verunreinigungen des Wassers der Flüsse und Seen durch Industrie, Haushalte, Pharmazie und Landwirtschaft dazu gezwungen sind, unser Leitungswasser zu einem immer größeren Teil aus immer tieferen Schichten des Grundwassers zu beziehen, haben wir ein zweifaches Problem: die Verunreinigungen und die anorganischen Mineralien. Zu diesen beiden gesellt sich auf energetischer Ebene noch ein Drittes hinzu: Unser Leitungswasser ist technisch behandelt, wird durch Pumpen, Beton- und Metallrohre gezwungen und fließt in Druckleitungen in unsere Haushalte. Die innere Clusterstruktur dieses Wassers ist daher alles andere als natürlich.

▾ Alles ist immer im Fluss – der Wasserkreislauf der Erde.

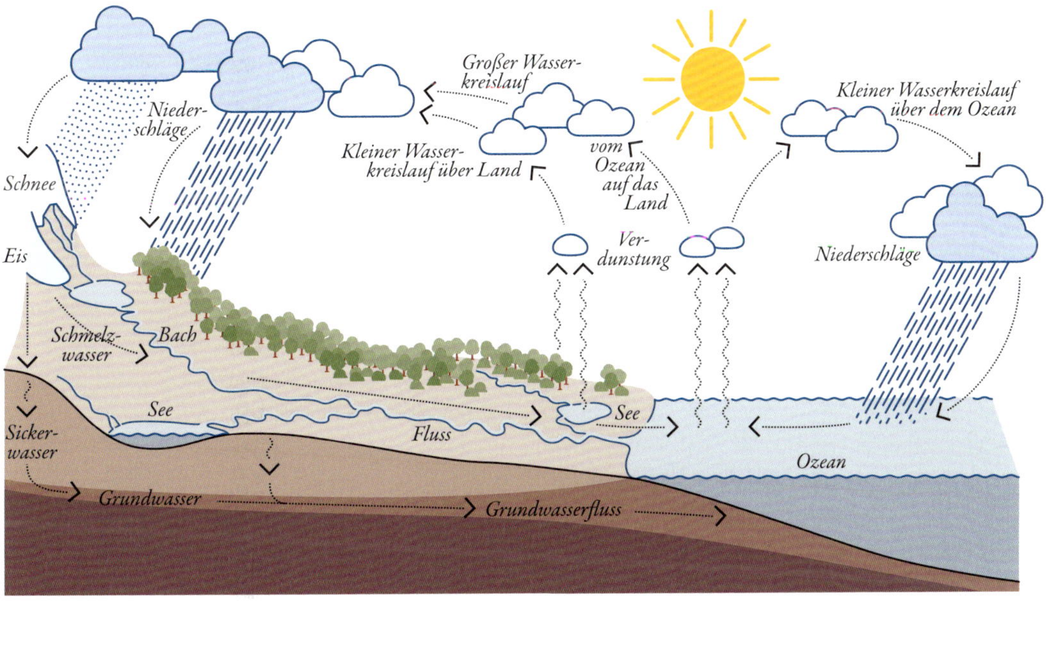

SCHNELLE LÖSUNGEN FÜR GUTES WASSER

Wir haben uns tatsächlich in große Schwierigkeiten gebracht, doch wo sind nun die praktikablen Lösungen? Was kannst du unternehmen, um Trinkwasser in einer für dich zuträglichen Form genießen zu können? Hier einige Vorschläge, die wir aus eigener Praxis kennen und empfehlen:

Für den kleinen Geldbeutel erschwinglich

Zugegeben, die folgenden Empfehlungen lösen das Problem nur zum Teil. Andererseits sind sie günstig und schnell umsetzbar.

Energetisch kann Leitungswasser durch das Montieren eines Verwirblers am Auslauf des Wasserhahns wieder in einen natürlicheren Zustand zurückversetzt werden.

Auch der Kontakt mit Heilsteinen aus der Gruppe der Quarze, wie Bergkristall, Amethyst und Rosenquarz, sowie Schungit ist sehr hilfreich. Dazu legt man ein Set dieser Steine in eine Wasserkaraffe. Die natürliche Schwingung der Kristallgitter dieser Halbedelsteine überträgt sich auf das zuvor technisch behandelte Leitungswasser, die Clusterstruktur wird wieder kleiner, der Geschmack weicher.

Die Anschaffung eines Kohleblockfilters ist eine effiziente Möglichkeit, die Qualität des Trinkwassers zu verbessern. Die feinen Poren der Aktivkohle nehmen chemische und biologische Verunreinigungen auf und binden diese. Anorganische Mineralien wie zum Beispiel Kalk (Calcit) können mit dieser Technik jedoch nicht herausgefiltert werden. Die Aktivkohleblöcke müssen unbedingt regelmäßig gegen neue, unbelastete ausgetauscht und entsorgt werden, da ein voller Aktivkohlefilter ausbluten kann, das heißt, die zuvor gesammelten Stoffe werden unter Umständen wieder abgegeben. Üblich ist der Austausch nach 6 Monaten, bei schlechter Qualität des Ausgangswassers sollte der Turnus jedoch verkürzt werden. Wird diese Art der Filterung mit einer energetischen Behandlung, wie zum Beispiel mit den zuvor erwähnten Halbedelsteinen aus der Quarzgruppe kombiniert, kann man sich bereits über eine wesentlich verbesserte Wasserqualität freuen.

Investition ab ca. 1.500 Euro

Mittels einer Umkehrosmose-Filterung erhält man reinstes Trinkwasser, das nicht nur von allen möglichen chemischen, biologischen und pharmazeutischen Verunreinigungen befreit ist, sondern darüber hinaus auch keine anorganische Mineralbelastung mehr aufweist. Anlagen dieser Art sollten jedoch unbedingt auch eine energetische Nachbehandlung umfassen, zum Beispiel in Form eines Keramikfilters, in dem die schon zuvor erwähnten Halbedelsteine der Quarzgruppe und/oder Schungit enthalten sind. Im Handel werden sowohl sogenannte »Auftisch-Anlagen« als auch »Untertisch-Anlagen« (diese werden in der Regel unter der Spüle fest montiert) angeboten. Hier kannst du deine individuelle Lösung aussuchen; wichtig ist dabei die Kombination aus technisch bester Reinigung und energetischer Wiederbelebung.

REZEPT

KALTWASSERAUSZÜGE AUS WILDKRÄUTERN

Unser wilder Tipp: Einige Blätter oder Stängel der jeweiligen Pflanze mit kaltem Wasser übergießen und 15–30 Minuten ziehen lassen – schon ist der aromatische Trinkgenuss fertig. Man kann die Kräuter durchaus ein 2. oder 3. Mal ausziehen lassen, sollte sie aber wegen einer möglichen Keimbildung nicht länger als einen Tag in der Karaffe lassen. Im reinen Trinkwasser lösen sich aus den Pflanzen die für uns gut resorbierbaren organischen Mineralien und Spurenelemente sowie die den Geschmack prägenden Stoffe:

Erfrischend nach ätherischen Ölen schmecken:

- Taubnesseln
- Minzen
- Melisse
- Gundelrebe

»Heugeschmack« nach blutverdünnenden Cumarinen haben:

- Gelber Steinklee
- Labkraut-Arten
- Waldmeister

Hinweis: Patienten, die blutverdünnende Medikamente einnehmen, sollten sich hier etwas zurückhalten.

Angenehm bitter, Entgiftungsorgane unterstützend sind:

- Wermut-Arten wie Beifuß, Echter Wermut und Einjähriger Wermut
- Löwenzahnblätter und -blüten
- Blätter und Blüten der Wegwarte

Mit diesen technischen und wildpflanzlichen Methoden gelingt es dir, Trinkwasser wieder in einer natürlichen Qualität zu dir nehmen zu können. Wasser dieser Qualität kann dann auch seine Aufgabe als universelles Lösungs- und Transportmittel in deinem Körper voll erfüllen, und du fühlst dich damit wieder voll »im Fluss«.

Sonnen-
Licht-Blicke

Ohne Sonne keine Nahrung

Die Sonne ist die Energiequelle für alle Lebewesen auf der Erde. Ohne Sonnenkraft findet keine Photosynthese und somit kein Pflanzenwachstum statt. Genau genommen essen wir Tag für Tag zu essenziellen Nährstoffen umgewandelte und gespeicherte Sonnenenergie! Diese ist sogar in rohen Lebensmitteln als so genannte »Biophotonen« messbar. Der Biophysiker Fritz-Albert Popp hat in den 1970er-Jahren über diese Art der Lichtenergie geforscht und gilt auch als Entdecker der Biophotonen. Nach langjährigen Studien konnte er diese mit seinem Forscherteam tatsächlich sichtbar machen und unter anderem in seinem Buch *Die Botschaft der Nahrung*[5] veröffentlichen.

Die Biophotonenthese, die sich in Wissenschaftskreisen erst nach und nach durchsetzen konnte, hat einen langen und teils beschwerlichen Weg hinter sich gebracht – aber das ist eine andere Geschichte. In der Tat konnte Popp 1975 mit Hilfe einer Messanordnung die Lichtkraft in organischen Zellen (und damit nicht nur in Pflanzen, sondern auch bei Tieren und dem Menschen!) bildhaft nachweisen. Er nannte dieses sichtbare Licht konkret »Biophotonenstrahlung«. Diese Messanordnung lieferte auch erstmals ein eindeutiges Kriterium für Qualitätsunterschiede zwischen Eiern von Freilandhühnern und solchen aus einer Legebatterie.[6] Die unter natürlichen Bedingungen (Grünfutter, Sonnenlicht) gelegten Eier wiesen eine deutlich höhere Strahlungsintensität und damit mehr Vitalität auf. Dies spricht einmal mehr für den regelmäßigen Verzehr (wild) gewachsener Freilandpflanzen.

WARUM BIOLEBENSMITTEL?

Eine ähnlich angelegte Forschungsarbeit hat auch Walter Dänzer im LifevisionLab von Soyana[7] in der Schweiz durchgeführt. In seinem Buch *Die unsichtbare Kraft in Lebensmitteln*[8] zeigt er mit entsprechend ausgeformten Kristallisationsbildern verschiedener Lebensmittel (Früchte, Gemüse, Kräuter, Getränke, Getreide, Nüsse usw.) in mikroskopischer Vergrößerung den deutlichen Unterschied zwischen biologisch und konventionell erzeugten. Der Unterschied wird darin sichtbar, dass die vergrößerten Strukturen von Biolebensmitteln harmonischer und für unser Auge schöner ausgeformt sind. Die kristallinen Bilder erinnern an die Natur selbst – als ob wir eine Pflanzenstruktur oder eine Baumkrone betrachten würden. So nehmen wir beim Essen ja nicht nur reine Natur im grobstofflichen Bereich in uns auf, sondern eben auch feinstofflich – ganz zum Wohle unserer Gesundheit.

Der Anteil an Biolebensmitteln liegt in Deutschland übrigens bei 6,8 Prozent.[9] Das regt doch schon zum Nachdenken an. Hier gilt einmal mehr die Eigenerfahrung: Es muss selbst ausprobiert werden! Sicher kennt jeder den Unterschied zwischen Tomaten, die im Sommer- oder im Winterhalbjahr gekauft werden. Es geht eben nichts über eine sonnengereifte, wohlschmeckende Tomate,[10] gegebenenfalls sogar im eigenen Garten angebaut!

Alles bio oder …?

Wie geht es dir beim Lesen dieser Zeilen? Hast du selbst auch schon Qualitätsunterschiede feststellen können? Ist »Bio« schon selbstverständlich in dein Leben eingezogen oder überlegst du dir noch, ob du es dir leisten willst? Doch gut zu wissen: Mit essbaren Wildpflanzen holst du dir sozusagen das »Ur-Bio« in die Küche! »Bio« ist ein Label, das erworben werden muss. Doch sollte man nicht eher den Nachweis fordern, ob unsere künstlichen Nahrungsmittel verträglich und gesund sind, als das zu prüfen, was sich seit Millionen Jahren bereits bewährt hat? Eine verdrehte Logik.[11] Doch die Natur ist schlauer: Gutes und Gesundes ist sichtbar und spürbar!

Das moderne Lichtdefizit

Allein die Tatsache, dass wir ohne Sonnenlicht nicht lebensfähig wären, hat alte Kulturen dazu veranlasst, entsprechende Sonnenrituale durchzuführen. Die Beobachtung des Sonnenstandes im Jahresverlauf war letztlich überlebenswichtig, nicht nur für den Anbau ihrer Nahrungsmittel. Wenn zur Wintersonnenwende die Tage immer kürzer wurden und die Nächte dafür umso länger, war die Sehnsucht nach der »Wiedergeburt« des Lichts besonders intensiv (siehe auch Seite 110 ff.). Die Menschen lebten zu dieser Zeit selbstverständlich noch mehr im Einklang mit der Natur als heute. Vor allem haben sie sich viel mehr bewegt, waren länger draußen und damit auch in der Sonne. Man kann – nein, man muss – sagen: Seit jeher bewegen sich Menschen in der Natur im Licht der Sonne. Vor der Industriellen Revolution, als die meisten in der Landwirtschaft tätig waren, noch weitaus länger und öfter als heute, wo sich unser Leben fast immer in Gebäuden abspielt und nur Teile der Freizeit draußen stattfinden. Im Vergleich zur längsten Epoche der Menschheitsgeschichte, der Zeit der Sammler und Jäger, haben wir das Zeitverhältnis »draußen zu drinnen« wohl genau umgedreht. Ja, auch das ist eine weitere ungesunde Verdrehung, wie die von »Bio zu Nicht-Bio«!

Nimm dir einen Moment Zeit und überlege, wie viele Stunden am Tag du draußen bist und wie viele Stunden (Minuten?) davon du in einer natürlichen Umgebung verbringst. Auf welche Weise findet ein bewusster Kontakt mit der Sonne statt? Und vor allem: weshalb?

SONNENHUNGRIG

In früheren Zeiten, vor allem im Zeitalter von Renaissance, Barock und Rokoko, galt die vornehme Blässe als Schönheitsideal. Denn wer braungebrannt war, outete sich als Bauer oder Landarbeiter und war keinesfalls adlig. In Asien gilt blasse Haut teilweise auch heute noch als Statussymbol.

Hierzulande ist ein schon fast schizophrenes Verhalten festzustellen, wenn es um den Umgang mit der Sonne geht. Einerseits wird eine »gesunde« Bräune als Symbol für Sportlichkeit, Vitalität und Schönheit gesehen, andererseits herrscht eine weit verbreitete Angst vor der Sonnenbestrahlung. Es kursieren Meldungen und Meinungen wie: Sonne sei aggressiv, die Haut würde schnell altern, man bekomme Hautkrebs. Jeden Sommer lässt sich im Freibad oder am Strand das Folgende gut beobachten: Kaum sind die Decken auf der Wiese oder am

Strand ausgebreitet, schon beginnt das Eincremeritual von Groß und Klein, möglichst mit einem Sonnenschutzmittel mit Faktor 50. Auf der einen Seite folgt man dem natürlichen Impuls und ist endlich einmal in der Sonne, andererseits aber auch wieder nicht. Und die Rückstände der synthetischen Schutzcremes bleiben als schmieriger, giftiger Film auf dem Wasser der Seen, des Meeres oder des Freibades zurück.[12] Ein sehr unnatürlicher Zustand! Selbstverständlich gibt es auch naturkosmetische Sonnencremes (diese Öle enthalten keine synthetischen UV-Filter, Mineralöle, Silikone oder Mikroplastik, sondern einen aus Pflanzen gewonnenen natürlichen UV-Filter) oder rein pflanzliche Alternativen wie Himbeersamenöl (LSF 40), Karottensamenöl (LSF 30), Sesamöl, Olivenöl oder Kokosöl.[13]

Die Kombination oder der Wechsel von Sonnen- und Wasseraufenthalt muss dabei immer bedacht werden, genauso wie der eigene Hauttyp – und den Naturschutz eben bitte auch nicht vergessen! Ein im Grunde gesunder Naturaufenthalt, der auf diese Weise abläuft, ist aus unserer Sicht ein unnatürliches Verhalten und von Erholung doch recht weit entfernt ...

VITAMIN D: DAS SONNENVITAMIN

Das aus unserer Sicht unnatürliche Verhalten hat jedoch weit über den Wohlfühlfaktor »Sonne auf der Haut« gravierende Konsequenzen für unsere Gesundheit. Dabei geht es um die lebenswichtige Bildung von Vitamin D, das genau genommen ein körpereigenes Hormon ist. Vitamin D nimmt hier nämlich eine Sonderrolle ein: Es sorgt durch seine hormonähnliche Wirkung für die Einlagerung von Kalzium in die Knochen, für die Ausschüttung von Glückshormonen, für eine stabile Psyche (Stichwort Winterblues[14]) und ein gutes Immunsystem. Selbst die Nervenzellen, die Dopamin und Noradrenalin produzieren, benötigen Vitamin D. Doch wir selbst können es nicht bilden – es braucht dazu wohldosierte Sonnenstrahlen! Hierzu gibt es eine im Fachmagazin *The Lancet* (Volume 360) veröffentlichte Studie von 2002,[15] die beispielsweise den Zusammenhang zwischen Serotoninspiegel und UV-Strahlung beweist.[16] Auch wenn diese Forschung teilweise noch in den wissenschaftlichen Kinderschuhen steckt, wird es auch hier wie beim Thema »Waldbaden« (siehe Seite 50 ff.) sein: Eine völlig natürliche Lebensweise wird eines Tages unter dem Mikroskop bestätigt werden.

Die Bildung von Vitamin D durch UV-B-Strahlung ist in unseren Breitengraden nur von Ende März bis Ende September möglich, und dies am besten zur Mittagszeit oder zum »richtigen« Sonnenhöchststand (hier bitte die sogenannte Sommerzeit bedenken!). Nur dann dringt das Sonnenlicht auf relativ kurzem Weg durch die Atmosphäre der Erde zu uns hindurch, und der UV-Anteil wird nicht so stark herausgefiltert.

Natürlich ist es nicht empfehlenswert, sich unkontrolliert der Sonne auszusetzen und sich einen ungesunden Sonnenbrand einzufangen. Es geht darum, die Kraft der Sonne wieder zu nutzen, und zwar verantwortungsbewusst und maßvoll, aber ohne Hysterie und Angst. Es gibt beispielweise die alte Tradition der »Luftbäder«. Sie stammt aus der Zeit der Reformbewegung Anfang des 20. Jahrhunderts. Noch heute gibt es vielerorts solche Luftbadeanstalten, zum Beispiel in Stuttgart auf der Waldau.[17]

Kontrollierte Sonnenbäder zur Mittagszeit

Es ist sinnvoll, gerade über die Mittagszeit bewusst Sonnenbäder zu nehmen. Dafür sollte nicht nur auf dein Gesicht, sondern auch auf andere Körperstellen Sonne gelangen. Wenn du kannst, liegst du dabei nackt auf dem Bauch und auf dem Rücken, oder deine Arme und Beine sind möglichst unbedeckt. Je nach UV-Index (3 bis 5) und Hauttyp zwischen 5 und 20 Minuten. Weitere Aufenthalte solltest du mit leichter, luftiger Kleidung und einer Kopfbedeckung fortsetzen: Es geht nichts über einen schattigen Platz unter einem Baum!

Die Zeitspanne, innerhalb der du dich der Sonne aussetzen kannst, ist in jedem Fall auch vom Hauttyp abhängig. Man spricht dabei vom keltischen, mediterranen, gemischten, dunklen oder schwarzen Hauttyp (oder man schaut nach der Ursprungshaarfarbe). Und ja, es werden jetzt sicher Stimmen laut, die von folgender Faustregel sprechen: »Wer ein Sonnenbad nehmen möchte, sollte das nur vor 11 Uhr und nach 16 Uhr tun. Für die Mittagssonne gilt die ABC-Regel: A = Ausweichen, B = Bekleiden, C = Cremen«.[18] Es gibt hier zugegeben ein kontroverses Meinungsbild, wenn man zu recherchieren anfängt. Dabei soll an dieser Stelle der berühmte gesunde Menschenverstand zu Hilfe genommen werden, denn es braucht den ganzheitlichen Blick, um eine natürliche Lebensweise zu erkennen.

ESSBARER SONNENSCHUTZ

So wie sich das Leben in und mit der Natur verändert hat, so hat sich insbesondere nach der neolithischen Revolution auch unsere Ernährung gewandelt. Was einmal Ur-Bio war, ist jetzt Convenience Food. Die überwiegend vitalstoffarme, aber dafür eiweißreiche Nahrung (insbesondere aus tierischem Eiweiß) setzt den körpereigenen Sonnenschutz deutlich herab, nicht zuletzt durch eine erhöhte Säurebildung im Körper. Eine überwiegend pflanzenbasierte Ernährung dagegen kann die Widerstandskraft der Haut deutlich verbessern. Sonnenschutz von innen bedeutet dann, neben Obst und Gemüse hochwertige pflanzliche Öle sowie die Vielfalt der essbaren Wildpflanzen zu sich zu nehmen.

JOHANNISKRAUT: DIE SONNENPFLANZE

Am 21. Juni, zum Sonnenhöchststand im Sommer, steht traditionell eine Pflanze im Mittelpunkt: das Johanniskraut. Seine Blüten haben

▲ Der Tag des heiligen Johannes ist der 24. Juni – Blütezeit des Johanniskrauts.

so viel Sonnenkraft aufgenommen, dass daraus nicht nur ein hochwertiges Mazerat (Ölauszug), das sogenannte »Rotöl«, gewonnen wird, sondern aus seinen Extrakten auch naturheilkundliche Medikamente hergestellt werden können, die bei Depressionen und Stimmungsschwankungen helfen. Das Johanniskraut kann seine Sonnenenergie gerade im trüben Winterhalbjahr in Gänze entfalten.

Als Hautöl (Rotöl) hat Johanniskraut eine naturheilkundlich erwiesene Wirkung. Es kann zum Einreiben verwendet oder für Salben und Cremes eingesetzt werden. Äußerlich hilft es bei Muskelschmerzen, leichten Verbrennungen, Sonnenbrand, infizierten Wunden, Geschwüren, Neuralgien, Rheuma oder Blutergüssen. Innerlich unterstützt es den Verdauungsapparat. Doch wichtig zu wissen: Da Johanniskraut die Lichtempfindlichkeit steigert, sollte das Öl nicht vor Sonnenbädern verwendet werden; aber gerne danach, insbesondere, wenn die Haut gerötet oder gereizt ist. Eine weitere Kontraindikation ist die gleichzeitige Einnahme der Antibabypille.[19]

Das Besondere des Johanniskrauts ist das typische rötliche Öl, das beim Zerreiben von Blüte oder Blatt mit den Fingern austritt. Du findest die Pflanze an südexponierten Weg- und Waldrändern sowie auf mageren, kargen Standorten wie Ödland und Feldrainen, denn: Sie liebt die Sonne! Zu ihren Wirkstoffen zählen ätherisches Öl, Flavonoide, Harze, Gerbstoffe, Rhodan, Hypericin (Hypericumrot) sowie Phlobaphene. Für den Selbstversorger ist die Pflanze auch eine gute Ergänzung für den Teevorrat.

REZEPT

JOHANNISKRAUTÖL

(Das Rezept folgt der Herstellung nach Marlies Dorschner, Sanatorium Elztal-Dallau)

Du brauchst frische Blüten und ein großes Einweckglas (750 ml). Hierfür sammelst du an einem sonnigen Tag Ende Juni/Anfang Juli circa ein Glas voll Johanniskrautblüten (die obersten 3 bis 5 cm der Pflanze). Das Glas füllst du dann mit einem nativen Olivenöl auf, bis die Blüten ganz bedeckt sind (ungefähr 150 g Blüten auf 500 g Öl). Das Glas nur etwa zu ⅔ füllen und für 4 bis 6 Wochen an einen warmen und hellen, möglichst sonnigen Platz stellen. Zwischendurch das Glas immer wieder drehen und den Inhalt umrühren, sodass alle Blüten Sonne abbekommen: Je mehr Sonne, desto besser! Das Öl wird schließlich tiefrot. Das fertige Johanniskrautöl wird nun gefiltert und in eine dunkle Flasche abgegossen. Die Blüten dabei gut ausdrücken. Gern kannst du als Duftkomponente einige Tropfen eines hochwertigen ätherischen Öls hinzufügen (Lavendel, Geranie, Zitrone). Dunkel gelagert, hält sich das Öl ungefähr 1 Jahr.

DIE LICHTKRAFT DER PFLANZEN

Gerade zum Sonnenhöchststand gibt es neben dem Johanniskraut noch weitere Pflanzen mit gelb leuchtenden Blüten, beispielsweise:

- Alant
- Arnika
- Echtes Labkraut
- Kamille
- Königskerze
- Nachtkerze
- Odermennig
- Ringelblume
- Sonnenblume
- Steinklee

▲ Die Vielfalt gelb leuchtender Blütenpflanzen: Königskerze (o. l.), Nachtkerze (o. r.), Kamille (u. l.) und Odermennig (u. r.)

Allen gemeinsam ist aus feinstofflicher Sichtweise: Es sind Lichtkraftpflanzen! Die in den Blüten gespeicherte Sonnenenergie erinnert dich daran, dass auch du ein Licht in dir trägst – und damit ein Licht für diese Welt bist! Einige dieser Pflanzen wachsen hoch hinaus, als ob sie dem Sonnenlicht – oder dem Mondlicht, wie die Nachtkerze – entgegenwachsen wollen. Doch es gibt noch mehr äußere Merkmale dieser Pflanzen, die uns die stimmungsaufhellende und wohltuende Sonnenenergie näherbringen:

- Die Blütenblätter sind gelb oder orange mit kräftiger Färbung und sie leuchten schon von Weitem.
- Die Blüten sehen oft aus wie kleine Sonnenstrahlen.
- Sie drehen sich meist zum Sonnenlicht hin (und öffnen sich nur bei Sonnenschein).
- Manche Sonnenpflanzen stehen aufrecht und werden sogar mannshoch.
- Alle bevorzugen einen sonnigen, warmen und trockenen Standort.

Einige dieser Pflanzen werden zur Sommersonnenwende zu einem sogenannten »Wetterbüschel« gebündelt – zusammen mit blau blühenden Pflanzen. Das ergibt dann die Verbindung von Sonnengelb und Himmelblau.[20] Das Büschel soll Unwetter und andere Katastrophen abhalten. Ein schöner Brauch, der in Vergessenheit geraten ist. Doch die Pflanzenwelt in das eigene Zuhause (damit ist nicht nur deine Wohnung gemeint) zu holen, ist ein wirksames Mittel, um deine Naturverbundenheit zu stärken. Das Anschauen der Farben, das Aufnehmen der Wirkstoffe durch Tee, Salben oder ein Gericht, der Geruch und noch so vieles mehr geben dir Sinn und Kraft für dein Leben. In diesem Fall: pure Sonnenkraft!

UND WAS IST IM WINTER?

Der nächste Winter kommt bestimmt, und die dunkle Jahreszeit ist nicht nur wegen der Kälte unbeliebt. Das fehlende Tageslicht bis hin zur Wintersonnenwende und noch Wochen danach macht viele Menschen müde, tendenziell depressiv oder sogar richtiggehend krank. Würde man großflächig den Vitamin-D-Spiegel bei Kindern und Erwachsenen messen, käme tatsächlich ein krankhaftes Defizit zutage. Dieser Meinung ist zumindest Prof. Jörg Spitz,[21] der zahlreiche Untersuchungen zu diesem Thema durchgeführt hat. Der Ernährungs- und Präventionsmediziner ist gefragter Dozent und Buchautor und unentwegt für das »Sonnenvitamin« im Einsatz. Die für das Labor maßgeblichen Normbereiche (Grenzwerte) auf dem Ergebnisbogen einer Blutuntersuchung sind festgelegte Werte. Einige Wissenschaftler fordern hier jedoch deutlich höhere Grenzwerte ein und damit eine bessere Versorgung der Bevölkerung durch eine Vitamin-D3-Substitution.

Im Interview für Kyra Kauffmanns Buch *Natürlich high* erklärt Jörg Spitz der Autorin Zusammenhänge und neue Forschungsergebnisse.[22] Immerhin haben sich evidenzbasierend Experten auf einen Zielbereich von 40 bis 60 ng/ml Vitamin D einigen können. Vitamin D ist lebenswichtig und steuert wesentliche Funktionen unseres Körpers. Oftmals verschwinden chronische Krankheiten nach einer ausreichenden Substitution. Auf der Internetpräsenz von Jörg Spitz kannst du sogar deinen individuellen Bedarf und die Dosierung berechnen lassen. Dort finden sich auch Hinweise auf alle damit in Zusammenhang stehenden Thesen.

Kennst du deinen Vitamin-D-Spiegel? Hast du schon einmal gute Erfahrungen mit einer Substitution gemacht?

Zum Thema Vitamin-D-Mangel müssen auch die verschiedenen Formen künstlicher Lichtquellen Beachtung finden. Gerade im Winterhalbjahr ist Kunstlicht unsere meistgenutzte Lichtquelle. Wir stehen nicht erst bei Sonnenaufgang auf und gehen schon bei Sonnenuntergang ins Bett. Obwohl es für unseren Körper sicher ganz gut wäre, wenn wir instinktiv« dem natürlichen Licht folgen würden. Tatsache ist: Wir alle sind im Sommer definitiv aktiver und auch gesünder! Das liegt an der Sonne. Fangen wir doch heute damit an, sie auf eine neue Weise wertzuschätzen!

Kraftort
Wald

Den Wald neu sehen

Wald als Ausdruck oder Sinnbild wird vielfach in Lyrik, Prosa und Liedkunst verwendet. »Im Wald« geschieht oft Mystisches oder Märchenhaftes. Der Wald, wie ihn die meisten kennen, ist ein Ort der Erholung mit Spaziergang, sportlicher Aktivität wie Mountainbiking oder Nordic Walking – aber auch das Gassigehen mit dem Hund muss erwähnt werden. Einige Selbstversorger nutzen den Wald als Sammelort für essbare Pflanzen oder Pilze.

Der Wald, wie im täglichen Sprachgebrauch üblich, ist aber in Wirklichkeit ein Forstbetrieb und damit ein Wirtschaftsbetrieb, in erster Linie als Holzlieferant. Der Förster ist der Hüter des Waldes und der Bilanzen – der Jäger der Hüter der Tiere, um das Gleichgewicht im Wald zu erhalten. So bestehen die Waldflächen in Deutschland überwiegend aus sogenannten Forsten, die bewirtschaftet und für die Waldbesucher gesichert werden müssen.[23] Nur ein winziger Teil in Deutschland oder Europa sind echte Wälder oder inzwischen als solche ausgezeichnete Nationalparks, die unter besonderem Schutz stehen.

Nichtsdestotrotz: Ein Wald ist und bleibt ein Wald[24] und tut dir sicherlich gut, lässt dich schon allein beim Gedanken daran aufatmen. Oder nicht?

▲ Ein monotoner Forst: alle Bäume von der gleichen Art und gleichem Alter

Was assoziierst du mit Wald? Bist du gerne im Wald? Ist er sozusagen dein täglicher Begleiter und Ort deiner Regeneration? Oder ist er für dich eher ein Ort für die körperliche Fitness und Bewegung? Welche Lebensmittel hast du schon im Wald gesammelt?

MYTHOS WALD

Die Wirkung von Bäumen beziehungsweise von Waldbäumen auf den Menschen mutet archaisch an. Du fühlst sicher auch instinktiv,

▲ Totholz im Wald: Nährstofflieferant für den Boden und ein wichtiger und wertvoller Lebensraum für viele Pilz-, Tier- und Pflanzenarten

dass ein (großer) Baum auf dich entweder eine gesunde, stärkende oder gar magische Wirkung hat, bestenfalls alles zusammen. Einen achtsamen Waldspaziergang daher mit einer spirituellen Erfahrung zu verbinden, ist keine Anmaßung, sondern ein wichtiger Hinweis, welche Bedeutung der Wald in früheren Zeiten hatte und wie diese vielleicht tief im Zellgedächtnis des Menschen ruht. Bevor es Tempel und Kirchen gab, lebten die Menschen im und mit dem Wald verbunden und verschafften sich so ihre Anbindung »gen Himmel«. Die hoch herausragenden Baumkronen dienten als Brücke in das Numinose oder schlicht in den Himmel oder in das weite Universum hinein. Vielleicht spürst du es auch so – du kannst es nur nicht richtig benennen oder mit den gewohnten Begrifflichkeiten zuordnen, wenn du im Wald bist. Sicher kannst du es aber bestätigen: Du kommst nach einem Waldaufenthalt erholt nach Hause!

Beim nächsten Waldspaziergang Nimm dir kurz davor einen Moment Zeit und überlege, wie du gerade jetzt in den Wald hineingehst. Nimmst du deinen Alltag mit und grübelst weiter vor dich hin? Laufen deine Sorgen und Gedanken mit? Wo steckt deine Aufmerksamkeit? Wie fühlst du dich dabei?

Zugegeben: Ein Wald kann durchaus düster, dunkel und gefährlich wirken. In geführten Meditationen kann ein imaginärer Waldspaziergang abkühlend, feucht oder gar angstauslösend wirken, als ob die Sonne und das Licht darin fehlen würden. Lichte Wälder hingegen, sogenannte Haine, sind spontan einladend und im Grunde auch bedeutsamer Teil unsere Kulturlandschaft. Sie entstanden durch Weidehaltung – meist Schweine, aber auch Schafe oder Ziegen konnten sich genüsslich an den aufkeimenden Jungbäumen oder Sträuchern laben und haben so automatisch für Durchlichtung in den Hainen gesorgt. Noch heute gibt es zum Beispiel in Stuttgart den »Eichenhain« (auch ein Kurzeit-Naherholungsort der Autorin), der zeitweise als Schaf- und Ziegenweide dient.

HEILIGE NATURRÄUME

Ein Hain kann in seiner Anmutung durchaus als heiliger Platz gesehen werden. Instinktiv wird er auch als Kraftort wahrgenommen. So wirkt er als Naturraum für dein Verweilen, Innehalten und Zur-Ruhe-Kommen. Die Mischung aus Bäumen und offenen Flächen wirkt beruhigend auf das menschliche Nervensystem. Das Gefühl von äußerer Sicherheit wiederum erzeugt im Inneren eine friedvolle Atmosphäre. Das Rauschen der Blätter, der Gesang der Vögel und dein Herzschlag können dabei die Begleitmelodie deines eigenen Heilraumes sein.

Heilig, in der Wortbedeutung von heilsam, sind unsere heimischen Bäume allemal. Hier ein Blick zurück in die Zeit der Kelten, bei denen es elf wichtige Kraftbäume gegeben haben soll:[25] Weißdorn, Haselnuss, Holunder, Weide, Erle, Esche, Stechpalme, Birke, Eiche, Besenginster und Kiefer. Dazu besaß jeder Baum eine eigene Gottheit. Der Volksmund kennt noch »Frau Holle« – die Hüterin des Holunders. Ohne weiter in die komplexe Geschichte einzutauchen, zeugt diese Sichtweise jedenfalls von Ehrfurcht und Respekt. Bäume durften nicht einfach ohne Grund gefällt werden: In sogenannten Genossenschaftswäldern[26] war die Fällung nur nach der gemeinschaftlichen Waldbegehung möglich; so sind übrigens die wertvollen Plenterwälder[27] entstanden.

Egal, ob es eine lichte Stelle im Wald ist, nur ein einzelner Baum, der Waldrand oder ein See im Wald: Dort wartet dein persönlicher Kraftplatz auf dich, der dich zum Verweilen einlädt. Doch bevor es zu konkreten Anleitungen oder Empfehlungen kommt, wie du im Wald »baden«, dich erholen oder gar spirituelle Erfahrungen machen kannst, unternehmen wir noch einen Ausflug in die Erkenntnisse der Wissenschaft: Wir nehmen die Waldluft unter die Lupe oder besser unters Mikroskop!

▲ Im Mai erfreut uns die weiße Blütenpracht des Schwarzen Holunders, aus der sich Köstliches zubereite lässt.

Heilsames Waldbaden

Das »Waldbaden« als Heilmittel ist in Japan bereits seit den 1980er-Jahren als »Shinrin Yoku« bekannt. In Korea, China und Japan ist es seit langem Tradition, Waldspaziergänge als Medizin zu verordnen. Tatsuro Ohira und Naoyuki Matsui vom Institut für Forstwirtschaft und Waldprodukte in Tsukuba in Japan hatten mittels besonderer Messinstrumente die gasförmigen Substanzen in der Waldluft »herausgefiltert« und untersucht. Diese Stoffe bezeichnet die Wissenschaft als »Terpene«.[28] Bäume tauschen Informationen über Schädlinge und Nützlinge über diese gasförmigen Verbindungen aus, ähnlich den Mikroorganismen im Boden, die im großen Geflecht des Myzels nachzuweisen sind. Doch auch die Duftstoffe der ätherischen Pflanzenöle sind den Terpenen zuzuordnen. Ein Team aus elf Wissenschaftlern hat 2013 daraufhin die am häufigsten gemessenen Terpene aus der Waldluft isoliert und in einer Doppelblind-Versuchsreihe Hotelzimmer mit »Waldluftextrakt« mittels Zerstäuber geflutet. Bei der morgendlichen Blutabnahme der Probanden mit den »Terpenen über Nacht« konnte eine signifikante Steigerung der natürlichen Killerzellen und der Anti-Krebs-Proteine sowie deren erhöhte Aktivierung nachgewiesen werden. Auch in der Laboranordnung in einer Petrischale mit Zellkulturen konnte der Versuch erfolgreich wiederholt werden.

Sie ähneln im Ergebnis den Studien, wie sie in Kapitel 1 (Seite 10 f.) beschrieben werden. Waldbaden ist somit im Grunde »Luftbaden«, denn es geht um die Aufnahme der besonders wirksamen Stoffe über die Haut sowie über die Atemluft. Der sonntägliche Waldspaziergang ist nicht nur wohltuend, sondern regelrecht gesund (je länger der Aufenthalt im Wald dauert, desto besser fürs Immunsystem). Die immunstärkende Wirkung soll dabei ungefähr eine Woche lang anhalten. In Nadelgehölzen ist die Konzentration dieser feinen Stoffe übrigens höher, und wenn du dich an den Stamm eines Baumes lehnst, dann ist die Konzentration der Terpene am höchsten. Es ist also Zeit für eine Baumumarmung!

ES LIEGT WAS IN DER LUFT

Diese Botenstoffe wirken, wie oben erwähnt, auch in Innenräumen.[29] Selbst wenn wir jetzt versuchsweise nur einen Tropfen eines hochwertigen ätherischen Öls aus Fichte, Weißtanne, Zeder oder Zirbe[30] in einem Innenraum auf der Hand verreiben, fühlt man sich sogleich in

▲ Die Heilkraft der Fichte: Ihre ätherischen Öle stärken die Abwehrkräfte, und vor allem die jungen Zapfen enthalten besonders viel duftendes Harz.

einen Wald hineinversetzt (siehe dazu auch Seite 120 zur »Fensterstudie«). Gerade in Räumen wie die einer Klinik, eines Pflegeheims oder einer Schule könnte die Atmosphäre dadurch enorm verbessert werden. Im Gegensatz zu den eher grobstofflichen Medikamenten kann ein feinstoffliches, ätherisches Öl für ein schönes Gleichgewicht sorgen. Die für uns unsichtbaren Stoffe sind nicht nur für die Gesunderhaltung wichtig, sondern dienen der Natur für ihr Überleben.

Es wirkt wie ein perfektes Design eines genialen Schöpfers. Doch es gibt noch viel mehr, was du für deine Gesundheit tun kannst. Fangen wir gemeinsam an!

Mit einem Baum in Verbindung treten

Beim nächsten Waldspaziergang darfst du wieder all deinen Mut zusammennehmen und möglichst lange (mindestens 15 Minuten) deinen Lieblingsbaum umarmen. Verweile, solange es geht, und nimm dabei nicht nur den Duft der Rinde wahr (bei Kieferngewächsen intensiver), sondern auch, wie sich der enge Kontakt in dir anfühlt. Schließe dabei die Augen und lausche sowohl nach außen als auch nach innen.

Für Fortgeschrittene: Gehe nun in Kommunikation mit dem Baum. Nimm ihn als Wesen wahr, angefangen vom Wurzelwerk über den Stamm bis hin zu den Ästen, Blättern und der Baumkrone. Hörst du schon seine Botschaft?

Wundermittel Harz

Beim Umarmen oder Berühren eines Nadelbaumes kann es durchaus passieren, dass deine Hände in Harzklumpen oder -tropfen landen und danach recht klebrig sind. (Vorsicht: Flüssiges Harz kann die Kleidung ziemlich verschmutzen!) Hat der Baum eine Verletzung, tritt Harz aus und verschließt die Wunde. Diese heilende Wirkung können wir uns mit einer Harzsalbe ebenfalls zunutze machen – oder Harz auch für ein wohltuendes Erlebnis als Räucherwerk einsetzen.[31] Das in den Harzen enthaltene Terpentinöl kann auch als sekundärer Pflanzenstoff bezeichnet werden. Das Harz schützt nach einer Verletzung das Innere des Baumes zudem vor Schädlingen oder Eindringlingen wie Käfern und Pilzsporen. Der Baum trägt sein eigenes Heilmittel also mit sich – in den im Stamm quer liegenden Harzkanälen warten die Harze bereits auf ihren Einsatz. Darum ist es wichtig, beim Sammeln oder sanftem Abkratzen die vormals entstandene Wunde des Baumes nicht weiter offen zu legen. Harz ist im Winterhalbjahr leichter einzusammeln, da es dann fester ist und weniger an der Rinde festklebt. An frisch gefällten Bäumen sowie in der näheren Umgebung ist häufiger Harz anzutreffen. Du wirst es schon riechen … Ganz frisches Harz wird auch Terpentin ge-

▲ Baumharz ist bei kaltem Wetter hart und kann leichter gesammelt werden.

▲ Fichtenspitzen, im Mai geerntet, sind eine aromatische Delikatesse. Mit den jungen Trieben lassen sich zum Beispiel Butter, Honig oder Pesto verfeinern.

nannt, weil es noch klar und flüssig ist. Erst später erfolgt die Einfärbung in Gelb-, Rot- oder Brauntöne.

Weitere Empfehlungen zum Sammeln:

- Bei trockener Witterung sammeln.
- Mit einem alten Messer oder (Horn-)Löffel nur das überschüssige Harz wegnehmen, das von der verletzten Stelle heruntergetropft ist.
- Das klebrige Harz wird am besten in einem Glas eingesammelt; es geht aber auch in einer Plastiktüte.
- Das Harz wird einige Wochen lang an einem luftigen Ort getrocknet. Danach kommt es in eine lichtgeschützte Vorratsdose.
- Größere Klumpen erst bei der Weiterverarbeitung im Mörser zerkleinern. So bleiben die wertvollen Inhaltsstoffe besser erhalten.

Das Harz kann auch sofort weiterverarbeitet werden, zu deiner eigenen Wund- und Hautschutzsalbe. Pfarrer Sebastian Kneipp soll seinen lungenkranken Patienten – neben ausgedehnten Waldspaziergängen – Harzklümpchen zum Kauen verordnet haben.[32] Hierfür eignen sich vor allem harte Harzstückchen, die langsam im Mund zergehen.

Weitere Wohlfühlrezepturen, die aus allen essbaren Kieferngewächsen hergestellt werden können, sind neben der Harzsalbe und der Räucherware auch ein Badesud aus Fichtennadeln, Fichtennadel-Tee, Fichtenspitzen-Sirup, Fichtenspitzen-Oxymel, Fichtenspitzen-Butter (natürlich auch mit Weißtanne und Douglasie möglich) und so weiter ...[33]

REZEPT

HARZSALBE

Zutaten & Zubehör

100 ml natives Olivenöl
1 EL Baumharz (von Weißtanne oder Fichte)
10–12 g Bienenwachsperlen (Apotheke, Reformhaus)
10 Tr. Propolis (Apotheke, Reformhaus)
Kochtopf, Schraubdeckelglas, Holzstäbchen

Zubereitung

Einen Kochtopf ca. 8–10 cm hoch mit Wasser befüllen und erhitzen (nicht kochen lassen). Das Olivenöl in das Glas füllen und im Wasserbad im Topf erwärmen. Das Baumharz sowie die Bienenwachsperlen hinzugeben und mit dem Holzstäbchen ständig umrühren, bis sich alle festen Bestandteile im Öl aufgelöst haben. Das Glas aus dem Wasserbad nehmen und die Propolistropfen hinzufügen. Das Glas verschließen und abkühlen lassen.

MEDIZINBEUTEL AUS DEM WALD

Eine schöne und ausgefallene Idee ist es, sich einen Wald-Medizinbeutel mit gut getrockneten Kräutern und Harzstückchen zu füllen. Hierfür eignen sich Leder- oder Leinenbeutel, die man um den Hals oder in der Hosentasche trägt. Die Gaben aus dem Wald werden so lange am Körper getragen, wie es sich gut anfühlt. Versuche, in dieser Zeit auf spontane Impulse oder Gedanken zu achten.

Neues Waldgefühl

Die einfachste Gesundheitsvorsorge ist und bleibt der regelmäßige Waldspaziergang – besser noch das längere Verweilen im Wald. Dabei können zusätzlich unterschiedliche Walderfahrungen gemacht werden: mit Barfußgehen, Wildpflanzen sammeln, Bäume umarmen, Baumstudien, Harz einsammeln, Mandala legen, auf Moos liegen, durchs Dickicht laufen, Meditieren, Atmen.
Gerade der Waldboden bietet hervorragende Möglichkeiten, barfuß, mit nackten Füßen, erkundet zu werden. Zieh einfach mal deine Schuhe aus und spüre die Unterschiede von weich, hart, feucht, kühl, trocken, warm, erdig, steinig ... Auf Moos und Wurzeln, Laub und Gras. Dabei gelingt nicht nur Erdung, sondern auch ein fußstärkendes Training. Nebenbei werden Achtsamkeit und Gleichgewichtssinn geschult. Auf einer anderen Ebene wird deine Verbindung zur Natur gefördert, gegebenenfalls auch diffuse Ängste abgebaut, wie Angst vor Insekten, Kleintieren, Schmutz ... Auch

▾ Den Wald mit allen Sinnen erleben: die Bodenbeschaffenheit spüren, sich vom Licht- und Schattenspiel zum Träumen einladen lassen ...

ein Gedanke, der eher im Unterbewusstsein schlummert, aber im Tagesbewusstsein doch immer wieder genährt wird. Die Frage nach Zeckenschutz und Mückenspray kommt regelmäßig in unseren Kursen auf. Hilfreich sind hier helle Kleidung, lange Ärmel und lange Hosen, das sorgfältige Absuchen nach dem Waldbesuch. Das aber nur am Rande erwähnt.

Impuls für den Alltag Freiheit für die Füße mit sogenannten Barfußschuhen – ein Aha-Erlebnis und ein neues Laufgefühl. Wir sagen in unserer Sprache nicht umsonst: »Ich habe das verstanden«, weil wir dann geerdet in der Sache stehen, es ganzkörperlich kapiert haben, nicht nur kognitiv.

Selbstversorger im Wald sind schon von Natur aus beweglicher unterwegs. Das Suchen und genaue Anschauen der essbaren Pflanzen und schließlich das Bücken und Strecken beim Sammeln und Pflücken sind willkommene Bewegungseinheiten während des Waldaufenthaltes. Das gewohnte Bild des Spaziergängers mit Walkingstöcken scheint auf den ersten Blick sportlicher und leistungsorientierter zu sein: Das hat aber eher etwas mit unserem allgemeinen Körperoptimierungsdenken zu tun. Legen wir doch alle einfach einmal den Schalter im Kopf um und betrachten uns nicht nur als Sammler, sondern auch als bewusste Waldgenießer!

Innehalten Wenn du an einem Stapel frisch gefällter Bäume vorbeigehst, dann halte an und schau dir die Jahresringe eines Baumstammes genau an. Er kann dir Geschichten erzählen, über gute und schlechte Jahre, über erlebte Trockenheit und Nässe. Atme bewusst den besonderen Geruch des Stammes ein.

Obschon das Atmen unbewusst funktioniert, sind bewusste Atemzüge beim Waldspaziergang ein weiteres Plus für deine Gesundheit. Allein das Beobachten der Atemzüge, das vertiefende Ein- und Ausatmen füllt die Körperzellen intensiver mit Sauerstoff und natürlich mit den genannten Terpenen.
Es gibt auch verschiedene Atemtechniken oder -schulen aus fernöstlichen Traditionen, nicht zuletzt die in letzter Zeit bekannt gewordene Wim-Hof-Methode.[34]

WAS KÖNNEN WIR DEM WALD BIETEN?

Der Wald als Fitnessstudio, Meditationstempel oder Lebensmittelproduzent? Das könnte man so sehen, wenn der Wald mit diesen Augen betrachtet wird. Es stellt sich aber auch die Frage, was wir dem Wald zu bieten haben:

- Was sind die Qualitäten, die wir dem Wald schenken, wenn wir ihn besuchen?
- Besteht nicht eine Art Wechselwirkung zwischen Wald und Mensch?
- Braucht der Wald die Menschen?

Diese philosophisch anmutenden Fragen dürfen an der Stelle ein wenig auf dem humusreichen Waldboden wachsen. Die Natur lebt das Prinzip der Fülle, da sie in jedem Wachstumszyklus für ausreichend Nachkommen sorgt.

Natürlich kann es witterungsbedingte Schwankungen geben, aber das Grundprinzip ist klar, sofern das Feld der Kulturlandwirtschaft mit Hybridsaatgut verlassen wird. Im Wald herrschen grundsätzlich die besten Bedingungen, durch die Kombination von Bäumen, Sträuchern, Stauden, Kräutern und dem Myzel als einzigartigem Pilzgeflecht unter dem Waldboden. Das im Herbst herabfallende Laub wird zu bestem Humus zersetzt, und die Verbindung von Licht und Schatten sowie Trockenheit und Nässe ermöglicht kräftiges und gesundes Pflanzenwachstum. Nicht zu vergessen die Waldbewohner: Jedes Tier »erfüllt« seine Rolle und fördert das Gleichgewicht. Dazu wird in Kapitel 8 (siehe Seite 91 ff.) über das Mikrobiom und Humus Vertiefendes zu lesen sein.

Aus unserer Sicht gibt es viele Geschenke, die wir dem Wald machen können: Achtsamkeit und Wertschätzung sowie kleine Gaben für die Tier- und Pflanzenwelt. Wenn du im Wald etwas sammelst oder mitnimmst, dann sprich deinen Dank aus oder verleihe deiner Freude darüber Ausdruck. Vielleicht hast du aber auch einen Rest Asche, ein Schneckenhaus oder Sonnenblumenkerne, die du als Gabe für ein Stück Harz am Baum zurücklassen kannst. Oder du singst ein schönes Lied für einen

▲ Das fadenförmige Geflecht der Pilze durchzieht den ganzen Waldboden.

► Baumpilze bei der Recycling-Arbeit an einem Birkenstamm

◄ Der zerfallende, hohle Baumstamm bietet einen idealen Schlafplatz für Fledermäuse.

Handstrauß Knoblauchsrauken. Es ist immer dein Bewusstsein, wie du in den Wald hineingehst und danach wieder aus dem Wald herauskommst!
Ein weiterer Aspekt ist die Wahrnehmung der fünf Elemente, die uns im Wald begegnen: Erde, Luft, Feuer, Wasser und Äther.[35] Sie laufen immer mit! Wenn du dir vielleicht bislang unter dem Element Äther nichts vorstellen konntest: Er repräsentiert den Moment der Verbundenheit mit allem. Er ist wie die Urkraft, die alles zusammenhält. Gerade in der »Wald-Stille« kann dieses Element besonders gut wahrgenommen werden.

Tipps für einen ganzheitlichen Waldaufenthalt

- **Für einen längeren Aufenthalt** wie »Baden im Wald« ist bequeme Kleidung hilfreich. Damit kann man sich auch einmal auf den Waldboden setzen, Yoga machen oder einen Baum umarmen. Wer sich vor Zecken schützen möchte, trägt eher helle Kleidung (man erkennt sie dann besser) und verwendet zuvor Schwarzkümmelöl für die Haut.
- **Das Handy/Smartphone** ist im Flugmodus oder ganz aus!
- **Am Waldrand den Alltag abwerfen** Eine klare Grenze ziehen zwischen den Tageserlebnissen und den damit verbundenen Sorgen und diese am Waldrand mit einem tiefen Atemzug zurücklassen.
- **Das Grün des Waldes** (besonders das zarte Grün im Frühling) ist eine heilsame Wohltat für die Augen und wirkt beruhigend auf das Nervensystem. Serotonin und Dopamin werden vermehrt ausgeschüttet. Das Blattgrün (Chlorophyll) der Pflanzen ist zudem wichtig für unsere Ernährung.
- **Mit den Händen sehen** Wie fühlt sich ein Stück Waldboden an? Baumrinden – glatt oder borkig? Blätter – samtig oder rau? Brennnesseln? Giersch? Moos? Wo sind Dornen oder Stacheln? Was erkenne ich blind?
- **Bewusst riechen** Den Wald neu erschnuppern. Wie riecht der Boden, die Erde, die Wiese, die Pilze? Wie riechen die verschiedenen Rinden? Die Nadeln? Die vermoderten und die frischen Blätter? Wo duftet es nach Bärlauch?
- **Lauschen** Welche Tiere erkenne ich? Welche Geräusche sind noch zu vernehmen?
- **Bewusstes Atmen** Vertiefendes Atmen und die Konzentration darauf lässt den Gedankenstrom versiegen und füllt die Lungen mit frischer Luft.
- **Bewusstes Gehen** Wie laufe ich? Bin ich viel zu schnell? Kann ich ganz langsam, in Zeitlupe gehen? Zu sehr auf den Fersen oder eher auf dem Ballen? Traue ich mich, barfuß zu laufen? Wo ist meine Grenze? Kann ich durchs Dickicht laufen und Unebenheiten ausbalancieren?

- **Immer wieder Pausen machen** Stehen bleiben. Rasten. Atmen! Atmen!
- **Einen persönlichen Kraftplatz finden** Mit allen Sinnen wach sein und sich einen eigenen Ort suchen, der zum Kraftplatz wird. Hier möglichst lange verweilen und diesen Ort immer wieder aufsuchen.
- **Wald-Kunst** Ein kleines Mandala legen oder ein anderes Kunstwerk gestalten, welches dann im Wald zurückgelassen wird.
- **Etwas vom Wald mit nach Hause nehmen** Von essbaren Wildpflanzen dürfen zwei Handvoll gesammelt werden. Naschen vor Ort ist erlaubt, allerdings bitte nicht am Wegesrand (Hunde!). Fichten- oder Tannenzapfen, ein Stück Rinde vom Waldboden, etwas Moos, ein Bündel Giersch oder Brennnesseln bringen Waldenergie in die eigenen vier Wände.
- **Reflexion zum Abschluss** Wie bin ich in den Wald hineingegangen? Und wie komme ich wieder heraus?

In den Wald hinein- oder aus ihm hinauszugehen, ist wie ein unsichtbares Tor, das wir durchschreiten. In Wirklichkeit sitzt das Tor in unserem Gehirn. Wir erschaffen ja selbst diese Trennung, nicht nur vom Wald und den ihm innewohnenden Kostbarkeiten – auch von der Natur an sich. Hier der Mensch – dort die Natur? Nein! Die Natur ist im Menschen, und jede Naturerfahrung verbindet uns mit dem, was schon in uns liegt.

Bevor die Menschheit sesshaft wurde, gab es keine auf Karten gezeichnete oder real sichtbare Grenze zwischen Mensch und Wald. Der Mensch hat im und mit dem Wald gelebt. In unseren Köpfen besteht aber immer noch diese angedachte Grenze, die eine vermeintliche Zivilisation von dem wilden Wald trennen muss, um zu überleben. Je mehr wir dem Wald wieder zuhören, desto mehr Antworten wird er uns geben und unserem Leben dienen.

An diesem Punkt kann der Wald wieder zu einem spirituellen Erfahrungsraum werden. Wir holen uns jetzt den Wald zurück ...

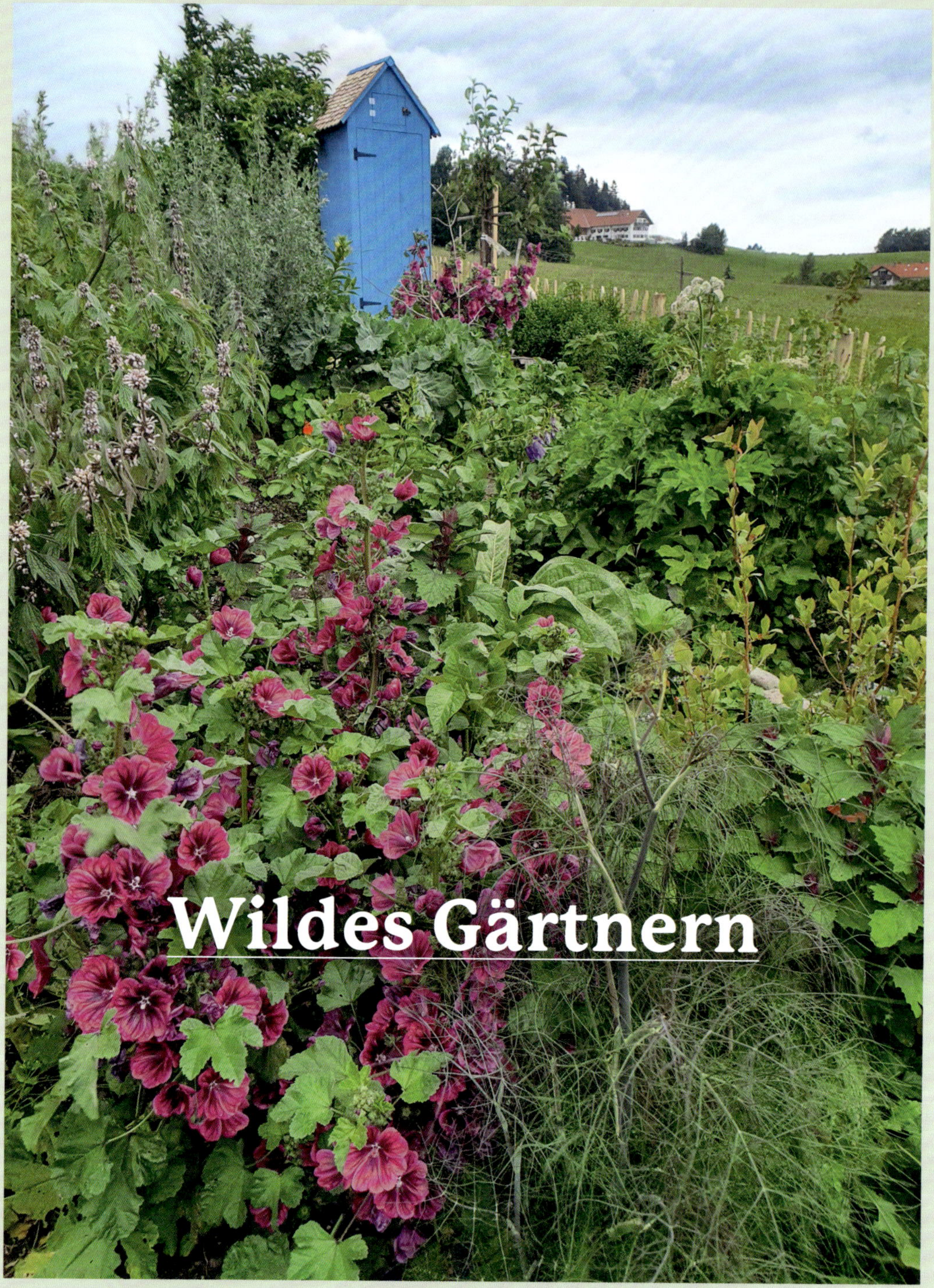

Wildes Gärtnern

Aller Anfang ist einfach

Die Kapitelüberschrift »Wildes Gärtnern« mag gut klingen, doch sie ist in sich ein Widerspruch: Während »wild« für eine Vegetation steht, die sich frei von menschlichen Maßnahmen entwickelt, steht »Gärtnern« genau für solche kontrollierenden Eingriffe. Daher ist es sinnvoll, zunächst einmal die Frage zu klären: Was ist in diesem Zusammenhang eigentlich »wild«?

»Wild« bedeutet, dass sich die Vegetation eines Grundstücks in einer bestimmten Phase der natürlichen Sukzession befindet. Das klingt komplizierter, als es ist! Würde man nach dem Abschluss der Bauarbeiten das den Neubau umgebende Gartengrundstück einfach komplett sich selbst überlassen, wären im ersten Jahr bunte, einjährige Pflanzen wie Klatschmohn und Kamille sowie Wildgemüse wie Melden und Gänsedisteln typisch und »wild«. In den Folgejahren würde sich das Bild wandeln, indem Gräser und Stauden wie Beifuß oder die Goldrute die Fläche übernehmen. Zwischen diesen keimen ab dem ersten Jahr und zunächst noch völlig unmerklich Gehölze auf. Typische Vertreter sind hier Brombeere, Birke und Weidenarten. Mit jedem Jahr werden diese dominanter und bilden einen Primärwald. Grob gesagt ist es nach einem Jahrzehnt an den meisten Standorten so weit gediehen. Schöne Anschauungsbeispiele für dieses Stadium der Wildheit findet man zum Beispiel auf stillgelegten Bahntrassen und Industrieflächen. Unter den lichthungrigen Pioniergehölzen wachsen nach einigen Jahrzehnten schattentolerante Baumarten wie die Buche heran. Sie würden nach etwa einem Jahrhundert die Sukzession abschließen und einen dauerhaft stabilen Wald bilden.

Zum einen wird nun klar: Sukzession ist ein Jahrhundertprojekt, der Wiederbesiedelungsprozess sprengt den Zeitrahmen des normalen Gartenbesitzers. Zum anderen sind die Abfolgen der einzelnen Phasen hinsichtlich der vorherrschenden Wuchsformen (zunächst krautig, dann Stauden, Gehölze der Lichtkeimer,[36] Gehölze der Schattenkeimer[37]) eindeutig, doch welche Arten im konkreten Fall die jeweilige Phase dann dominieren werden, lässt sich nicht vorhersagen.

Wilde Gestaltungselemente im Garten

Nun wieder zurück zu deinem Garten. Den einzelnen Gestaltungselementen lassen sich bestimmte Phasen der Sukzession zuordnen: Das Staudenbeet an der sonnigen Terrasse entspricht zum Beispiel einem relativ frühen Stadium, die Hecke einem mittleren, der große Baum oder die Baumgruppe dem Endstadium des Waldes. Indem wir diese einzelnen Bereiche nun mit einheimischen, essbaren Wildpflanzen, die typische Vertreter dieser Phase der Sukzession sind, gestalten und unsere Eingriffe darauf beschränken, den Ist-Zustand der jeweiligen Phase zu erhalten, gärtnern wir »wild«. Im Folgenden ein paar Beispiele, wie einfach das geht.

NACHWUCHS IM WILDGEMÜSEBEET

Wichtige Voraussetzung:

- sonnige bis maximal halbschattige Lage
- humusreiche Erde

Lass eines deiner Gemüsebeete im Frühjahr und Sommer einfach einmal brachliegen und warte ab, was passiert. Nach kurzer Zeit werden hier einjährige Wildgemüse wie Gänsedisteln, Melden und Knopfkraut oder Vogelmiere aufkeimen. Nun kannst du die jungen, knackigen Triebspitzen der Gänsedistel oder Melde laufend ernten und als Gemüse dünsten. Die Pflanzen wachsen immer wieder nach. Die Triebspitzen von Vogelmiere und Knopfkraut schmecken im Salat, als Smoothie oder in einem Mischgemüse (siehe Grundrezepte Seite 82 ff.). Werden die Pflanzen in einer längeren Dürrephase zäh, kannst du das Beet roden, die Erde aufhacken und die Pflanzenreste als Mulch verwenden. So kann nach dem nächsten Regen das Spiel mit der Sukzession von vorne beginnen. Meiner Erfahrung nach ist solch eine Rodung gerade Mitte August sinnvoll, denn dann wächst bis September und Oktober eine zweite Welle Wildgemüse heran. Du kannst bei dieser Aktion auch eine Tüte Feldsalatsamen ins Beet einarbeiten, so bist du sogar noch im Winter mit frischem Grün versorgt. Fortgeschrittene können Samen bestimmter Melden und zarterer Varianten der Gänsedisteln sammeln und bei der Aktion einbringen. Auf diese Weise lässt sich der Start der Sukzession in die kulinarisch wertvollere Richtung lenken. Im

▲ Knackige Gänsedistel und Magenta-Melde (l.) sowie Wilde Möhre und Wegwarte, auch Zichorie genannt (r.), entfalten sich im Wildgemüsebeet.

Vergleich zum Anbau von herkömmlichem Kulturgemüse ist die Ansiedlung von Wildgemüse kaum mit Arbeit verbunden, da wir die Gestaltungskräfte der Natur nutzen und uns von ihnen helfen lassen.

Pflanzliste für dein Wildgemüsebeet:

- Gänsedistel-Arten (*Sonchus*)
- Kleinblütiges Knopfkraut, auch Franzosenkraut genannt (*Galinsoga parviflora*)
- Melde, auch Baumspinat oder Weißer Gänsefuß genannt (*Chenopodium album*)
- Vogelmiere (*Stellaria media*)

ÜBERRASCHUNG IM STAUDENBEET

Voraussetzung dafür:

- sonnige Lage
- Erde mit Humusanteil, jedoch mit guter Drainage, d. h. bis in tiefe Schichten mit einem hohen Anteil an Sand und Steinchen, sodass das Wasser gut nach unten abziehen und keine Staunässe entstehen kann

In solch einem Beet fühlen sich immerwährende, blühende Stauden wie Dost, Schafgarbe, Johanniskraut, Salbei- sowie Wermut-Arten und auch die Wegwarte wohl. Für einen mediterranen Charakter kann man hier auch Kleinsträucher wie Lavendel, Rosmarin und Damaszener Duftrose einpflanzen. Streut man zusätzlich Samen von zweijährigen, essbaren Blütenwundern wie Königskerze, Nachtkerze und wilder Möhre ins Beet, so wird man immer wieder positiv überrascht sein, welche Pracht sich entfaltet. Exakt planen lässt sich dies jedoch nicht, da manche der Pflanzen erst einmal scheinbar gar nicht kommen wollen, dann aber plötzlich im nächsten oder übernächsten Jahr aufkeimen – es bleibt spannend und bringt Abwechslung, macht jedoch kaum Arbeit.

Pflanzliste für dein Staudenbeet:

- Artemisia-Arten (*Artemisia vulgaris, Artemisia annua, Artemisia absinthium*)
- Damaszener Duftrose (*Rosa 'Rose de Resht'*)
- Dost (*Origanum vulgare*)
- Johanniskraut (*Hypericum perforatum*)
- Königskerze (*Verbascum densiflorum*)
- Nachtkerze (*Oenothera biennis*)
- Rosmarin (*Rosmarinus officinalis*)
- Salbei (*Salvia officinalis*) oder Wiesen-Salbei (*Salvia pratensis*)
- Schafgarbe (*Achillea millefolium*)
- Wegwarte (*Cichorium intybus*)
- Wilde Möhre (*Daucus carota*)

▲ In der mit Schutt gefüllten Badewanne ist ein Trockenbiotop entstanden.

EIGENDYNAMIK IM WILDGEMÜSE-STAUDENBEET

Gute Voraussetzungen fürs Gedeihen sind:

- sonnige oder halbschattige Lage
- tiefgründiger humoser Boden, Feuchtigkeit

Nährstoffreiche und feuchte Standorte sind bei üppig wachsenden Wildgemüsestauden wie Brennnessel, Giersch und Wiesen-Bärenklau sehr beliebt. Solch ein Beet ist vom Aussehen her für den herkömmlichen Gärtner oder auch für Nachbarn nun wirklich »wild«. Wer jedoch um die vielfältigen, schmackhaften und zudem gesunden Verwendungsmöglichkeiten dieser Pflanzen in der Küche weiß, kann beim Anblick eines solchen Beetes Freude empfinden, sieht mit Dankbarkeit auf diese oft geschmähten Stauden und erkennt nun ihre wahre Schönheit.

Wie legt man nun solch ein Beet an? Man besorgt sich im Herbst Wurzelrhizome von Giersch und Brennnessel – Jungpflanzen dieser Arten sind inzwischen auch beim Biogärtner erhältlich – sowie Samen des Wiesen-Bärenklaus und pflanzt bzw. sät diese in die lockere, humose Erde. Eine Abdeckung mit herbstlichem Laubmulch düngt, nährt das Bodenleben und schützt die Erde vor Trockenheit. So verrückt es klingen mag, doch manchmal lässt sich der Giersch regelrecht bitten, bis er endlich üppig gedeiht, und auch Wiesen-Bärenklau geht nicht immer auf. Hier einfach noch einmal nachpflanzen bzw. -säen und sich in Geduld üben. Als Variante in halbschattigen bis fast schon schattigen Lagen kann man hier

▲ Auf der essbaren Wildblumenwiese blühen hier Margeriten und Roter Wiesenklee – ein Fest nicht nur für die Augen, sondern auch für Insekten.

auch Taubnessel-Arten ansiedeln. Welche gärtnerischen Vorschläge wir der Natur in diesem Beet auch immer machen, es wird sich stets mit einer gewissen Eigendynamik weiterentwickeln. Doch egal, welche Arten nun besonders üppig wachsen oder welche sich vielleicht auch wieder zurückziehen werden – es wird reichlich Gemüse zu ernten geben!

Pflanzliste fürs Wildgemüse-Staudenbeet:

- Brennnessel (*Urtica*)
- Giersch (*Aegopodium podagraria*)
- Taubnessel-Arten: Weiße Taubnessel (*Lamium album*) & Gefleckte Taubnessel (*Lamium maculatum*)
- Wiesen-Bärenklau (*Heracleum sphondylium*)

WIESENTRAUM STATT RASENTRAUMA

Das ist die einfachste, aber vielleicht größte Umstellung für dich: Einfach mal die Natur machen lassen, nicht alle 10 Tage den Rasenmäher anwerfen oder, falls vorhanden, den Mähroboter starten, auch kein Düngen, kein Vertikulieren, kein Wässern – einfach Ruhe. Stattdessen mal Gräser und Kräuter bis Mitte/Ende Mai blühen und wachsen lassen, dann alle 2 bis 3 Wochen jeweils ein Drittel der Fläche sensen. Das Gras kann als Mulch, etwa unter neu gepflanzten Sträuchern, verwendet werden oder auf dem Kompost verrotten. Auf diese Weise haben Insekten immer noch irgendwo ein Zuhause, und da immer Biomasse abgetragen wird, aber kein Dünger auf die Fläche kommt, magert der Boden mit jedem Jahr mehr ab. Das hört sich für dich vielleicht schrecklich an, ist aber für das Gedeihen vieler wunderschöner und auch schmackhafter Pflanzen, wie etwa der Margerite und dem Wiesen-Salbei, die beste Voraussetzung. Mit den Jahren wird sich die Vielfalt an Arten steigern und du wirst dank des ⅓-Mäh-Rhythmus immer eine Fläche vorfinden, auf der du täglich frische Kräuter wie

Löwenzahn, Spitzwegerich, Schafgarbe, Roten Wiesenklee und Gänseblümchen als Zutat für Salate, Smoothie oder Saft sammeln kannst. Zusätzlich wird die Speisekarte durch die saisonalen Höhepunkte bereichert, wie zum Beispiel die Knospenzeit des Löwenzahns von März bis April oder die der Margerite im Mai.

Lieblinge auf deiner wilden Wiese:

- Gänseblümchen (*Bellis perennis*)
- Löwenzahn (*Taraxacum*)
- Roter Wiesenklee (*Trifolium pratense*)
- Spitzwegerich (*Plantago lanceolata*)
- Schafgarbe (*Achillea millefolium*)
- Wiesen-Margerite (*Leucanthemum vulgare*)
- Wiesen-Salbei (*Salvia pratensis*)

▾ Der Weißdorn ist bekannt für seine heilkräftigen Blüten, Blätter und Früchte und ist zugleich auch eine ideale Heckenpflanze.

NEUE PERSPEKTIVEN MIT ESSBAREN HECKEN

Ein Garten ohne Hecke? Schwer vorstellbar! Die meisten Gartenbesitzer haben Hecken zunächst als Grenz- und vor allem als Sichtschutz gepflanzt und stöhnen später unter den zweimal jährlich stattfindenden Schnittarbeiten, um alles schön in Form halten zu können. Klassischerweise werden Liguster (giftig), Hainbuche (sie ist essbar, schmeckt aber nicht gut) oder immergrüne Sträucher wie Thuja (giftig) gepflanzt. Schaut man sich das Thema Hecke einmal aus einem anderen, nun eben wilden und essbaren Blickwinkel an, so eröffnen sich auch neue, für viele vielleicht überraschende Perspektiven.

Genialer Sichtschutz: eine Wildfruchthecke

Muss eine Hecke immer eine Formhecke sein oder dürfen die Sträucher auch ihrer Wuchsnatur folgen und »nach ihrer Façon« gedeihen? Zugegeben, solch eine Hecke benötigt etwas mehr Raum, einen Streifen von 2 bis 3 Metern mindestens. Für den normalen Vorgarten wird das selten passend sein, doch in größeren Gärten ist eine natürlich gewachsene Hecke zum einen in der Blütezeit eine große Zierde und trägt später gesundes Wildobst. Nachdem die Aufzucht der Pflanzen in den ersten 2 bis 3 Jahren abgeschlossen ist, beschränkt sich der Arbeitsaufwand, den diese Naturhecke verursacht, auf die Ernte der Früchte. Und wenn man zu der Zeit verhindert sein sollte, wird einem auch diese Aufgabe von den Vögeln abgenommen! In sonnigen Lagen hat sich hier besonders die Pflanzung von Heckenrose, Weißdorn und Mispel bewährt. Im Halbschatten können sich Kornelkirsche und Schwarzer Holunder dazugesellen.

Manche Arten, die in der Landschaft sehr wohl häufig in Feldhecken vorkommen, sind für die Verwendung in Gartenhecken aus verschiedenen Gründen nur bedingt zu empfehlen: Die Haselnuss wird mit der Zeit sehr groß, Schlehe und Kirschpflaumen bilden lästige Wurzelausläufer, Felsenbirne und Vogelbeere haben relativ wenig Laub und einen »luftigen Wuchs«, bieten also kaum Sichtschutz.

Eine wilde, essbare Formhecke?

Ja, auch das ist möglich! Kornelkirsche und die genannten Weißdorn-Arten sind absolut schnittverträglich und können als dicht verzweigte Formhecke gezogen werden. Der Ertrag an Früchten ist im Vergleich zur natürlichen Wuchsform geringer, doch auch hier lässt sich etwas ernten. Bei den Weißdorn-Arten können zudem im April die weißen Blüten und im Mai die grünen Blätter gesammelt werden, um einen Herzkreislauf starkenden Tee oder eine Tinktur herzustellen.[38]

Pflanzliste für die Wildfruchthecke:

- Heckenrose (*Rosa canina*)
- Kornelkirsche (*Cornus mas*)
- Mispel (*Mespilus germanica*)
- Schwarzer Holunder (*Sambucus nigra*)
- Weißdorn (*Crataegus monogyna* und *Crataegus laevigata*)

▲ Ob Salatblätter von der Hecke oder als Pergola – die Sommerlinde macht es möglich!

Eine Formhecke aus Linden!

Noch wilder und sehr ertragreich: An dieser Stelle berichte ich (der Autor) zum ersten Mal offiziell über eine Innovation aus meinem Versuchsgarten. Linden waren mir seit Langem als Formgehölze aus Schlossgärten bekannt. Da ich besonders die zarten Blätter der Sommerlinde im Salat, als »Spinat« oder Smoothie schätze, wurde mir auf einmal das Potenzial einer solchen Hecke klar. Nachdem ich mich dann noch vertieft mit der Herstellung und Verwendung von Laubmehlen beschäftigte, war ich angesichts der Chancen, die uns Lindenhecken bieten, geradezu euphorisch: Das Schnittgut ist nun kein lästiger Abfall mehr, sondern kann komplett getrocknet und dann

▲ Ohne Schnitt wächst die Sommerlinde zu einem mächtigen, wunderschönen Baum heran.

im Hochleistungsmixer zu Laubmehl vermahlen werden. Dieses dient im Winter nicht nur zur Herstellung von grünen Smoothies, sondern kann, wie in alten Zeiten auch schon, mit einem Anteil von 10 bis 20 Prozent in allen Backwaren untergemischt werden; vom Pfannkuchen über Hefezopf bis zu Brot und Brötchen – überall ist nun mineralreiches Lindenlaubmehl drin! Ein Plus an basischen Mineralien und Spurenelementen sowie Ballaststoffen und Chlorophyll, hingegen eine Reduzierung von Gluten und Kohlenhydraten. Da Lindenlaub absolut mild schmeckt und die darin enthaltenen Schleimstoffe – sofern sie die Hitze beim Backen überleben – sogar die Wirkung eines natürlichen Geschmacksverstärkers besitzen, spricht auch aus kulinarischer Sicht alles für die Linden-Laubmehl-Hecke. Rein optisch wird dein Nachbar einfach eine gut geschnittene grüne Laubhecke sehen. Wundern wird er sich nur darüber, dass du das Schnittgut nicht in die Grüne Tonne stopfst, sondern direkt in die Küche bringst.

Generell ist eher die Sommerlinde (*Tilia platyphyllos*) zu empfehlen, da deren Blätter weicher und schmackhafter sind. An Standorten mit trockenem Klima, zum Beispiel in innerstädtischen Lagen oder in Gebieten mit leichten Sandböden, ist es jedoch besser, auf die Winterlinde (*Tilia cordata*) auszuweichen.

DEIN EIGENER HAUSBAUM

Ein Hausbaum beschirmt und beschützt das Anwesen, bindet das Haus auch optisch in die Natur ein. Als Vertreter des Endstadiums der Sukzession können hier klassische Waldbäume wie Eichen oder Buchen zur Pflanzung kommen. Da wir diese jedoch im Wald häufig antreffen, plädiere ich eher für Arten wie Esskastanie (bitte eine veredelte Sorte mit großen Früchten wählen, in der Baumschule meist »Marone« genannt), Walnuss (auch hier ist eine veredelte Sorte empfehlenswert) oder Sommerlinde.

Da alle diese Arten mit der Zeit riesige Kronen entwickeln und Höhen von 30 Metern und mehr erreichen, musst du dir allerdings gut überlegen, ob ein solcher Baum ausreichend Platz bei dir finden kann und an welcher Stelle der beste Wuchsstandort ist.

▲ Im September sind die Beeren des Schwarzen Holunder reif und können geerntet werden.

Hier einige sinnvolle Fragestellungen:

- Wo liegen die Versorgungsleitungen wie Wasser, Abwasser, Strom und Internet? Von diesen sollte ausreichend Abstand gehalten werden.
- Kann ein Abstand von deinem und dem Haus der Nachbarn von jeweils mindestens 8 Metern eingehalten werden?
- Liegt der Standort des Baumes in nördlicher Himmelsrichtung? Auf der Südseite gepflanzt, würde er das Haus bereits nach 15 Jahren zunehmend verschatten, und die Freude über den Baum wäre getrübt.

Bietet das Grundstück nicht ausreichend Platz für einen solchen Großbaum, gibt es hier auch noch zahlreiche Alternativen, die weniger raumgreifend sind:

- Der Klassiker: Hochstamm-Obstbäume wie Apfel, Birne, Pflaume, Mirabelle, Süßkirsche

- Noch etwas kleiner, dafür wild: Vogelbeere, auch Eberesche genannt, als Hochstamm gezogen. Hierbei ist besonders die Sorte mit den milderen Früchten zu empfehlen (s. u.).
- Und noch zierlicher: Hochstämmchen von Felsenbirne oder Weißdorn

Mögliche Hausbäume für deinen Garten:

- Eberesche Sortenauslese (*Sorbus aucuparia edulis*)
- Esskastanie (*Castanea sativa*)
- Felsenbirne (*Amelanchier lamarkii*)
- Sommerlinde (*Tilia platyphyllos*)
- Walnuss (*Juglans regia*)
- Weißdorn (*Crataegus*-Arten)

KOMPOST-ECKE

Die Verwilderung des Gartens kann auch in einer Ecke beginnen, in der ein Kompostgitter aufgebaut wird, um so die wertvollen Küchenabfälle in Zukunft nicht mehr abtransportieren zu lassen, sondern für das eigene Grundstück (zum Beispiel für die Hoch- und Gemüsebeete) nutzen zu können.

Neben einem Kompost fühlt sich ein Holunderstrauch besonders wohl: Er liebt die vielen Nährstoffe, die mit dem Sickerwasser aus dem Kompost kommen, und spendet diesem im Gegenzug Schatten. Auch Brennnessel und Giersch kann man hier ansiedeln, denn sie lieben es ebenfalls feucht und nährstoffreich. Auf dem etwas reiferen Kompost selbst kann Vogelmiere wuchern oder auch Kulturgemüse wie Zucchini, Kürbis oder die Kapuzinerkresse. So kann schon auf einer kleinen Fläche von etwa 3 Quadratmetern ein kleiner, verwilderter und essbarer Gartenbereich entstehen, in dem Vergehen und Werden einen eng geschlossenen Kreislauf bilden.

MIT GUTEM SAATGUT FÄNGT ES AN …

Du siehst, es ist gar nicht schwer, ins wilde Gärtnern hineinzukommen. Erstens kannst du es schrittweise, sozusagen »Baustein für Baustein«, wie oben geschildert, umsetzen. Vielleicht erst einmal den Vorschlag mit dem Gemüsebeet ausprobieren, dann den Rasen zur Wiese umwandeln, im nächsten Jahr die alte Thujahecke entfernen und durch eine wilde, essbare Hecke ersetzen und so weiter. Es wird dir langfristig weniger Arbeit bereiten, dafür aber wertvolle Lebensmittel schenken. Und außerdem leistest du damit auch einen wichtigen Beitrag zum Schutz der Insekten und Singvögel, denn diese lieben allesamt die einheimischen Pflanzen, die du nun in deine Gartengestaltung miteinbezogen hast. Eine Win-win-Situation für alle – besser geht es nicht!

Die beste Grundlage für das wilde (Balkon-) Gärtnern ist, abgesehen von der entsprechenden Bodenqualität (siehe auch Seite 91 ff.), bestes Saatgut bzw. hochwertige Bäume, Sträucher oder Jungpflanzen. Inzwischen gibt es flächendeckend Baumschulen, Staudengärtnereien und Sämereien, die nach ökologischen Prinzipien (mit oder ohne Label) arbeiten und mittlerweile auch online versenden.[39]

Wilde, essbare Balkone

Essbare Wildpflanzen kann man sogar auf dem Balkon ansiedeln. Natürlich gelingt dies am besten, wenn man sich die Bedürfnisse der Pflanzen bewusst gemacht hat und ihre Wünsche möglichst erfüllen kann. Das Leben in Töpfen, Kästen und Kübeln ist für Wildpflanzen – und für alle anderen auch – eine Sondersituation. Aus diesem Grund ist es sinnvoll, zunächst folgende Grundsätze zu beachten:

Staunässe vermeiden Die Pflanzgefäße sollten grundsätzlich am Boden mit Löchern versehen sein. Die unterste Schicht im Gefäß legt man mit Steinen, Kies oder Tonscherben aus, darüber kommt etwas Sand, danach erst die gute Erde. Auf diese Weise zieht überschüssiges Wasser immer schnell nach unten ab und der Wurzelballen kommt nicht in Gefahr, in einer staunassen Situation Opfer von Fäulnisbakterien zu werden.

Gute Pflanzerde Ein im Vergleich zur Natur beengtes Wurzelleben in einem Topf oder Kübel kann man durch eine sehr gute, humusreiche Pflanzerde wieder etwas ausgleichen. Allerdings müssen auch hier spezielle Vorlieben beachtet werden: Heidelbeeren und Preiselbeeren lieben zum Beispiel, im Gegensatz zu fast allen anderen Pflanzen, eine saure, kalkfreie Erde. Sie ist im Fachhandel oft unter der Bezeichnung »Rhododendronerde« erhältlich.

Gießen Das beengte Erd- und damit auch Wasserspeichervolumen im Gefäß macht gerade im Sommer und auf sonnigen Balkonen ständiges Wässern notwendig. Wer auf Reisen geht, muss daher unbedingt für eine Vertretung sorgen.

Natürlicher Pflanzenschutz Beachtet man die oben genannten Punkte, werden die Pflanzen kräftig gedeihen und weniger anfällig für Krankheiten oder Schädlinge sein. Weitere Möglichkeiten, sie zu stärken, sind das Gießen bzw. Düngen mit abgekühlten Abkochungen von Brennnessel oder Schachtelhalm (mindestens 20 Minuten köcheln lassen). Diese »Tees« sind sehr reich an Mineralien und Spurenelementen und kräftigen die Pflanzen von innen heraus. Die Herstellung und Verwendung von Jauchen aus Brennnessel und anderen Kräutern ist im Garten sicher sinnvoll, für den Balkon empfehle ich jedoch diese geruchsneutrale Variante. Ein Befall mit Läusen kann durch das Besprühen mit stark verdünntem Kaffee bekämpft werden, da Koffein für Läuse auch in geringen Dosen ein tödliches Gift ist.

▲ Die Wilde Malve beschenkt uns über viele Wochen hinweg mit köstlich schmeckenden Blüten – ideal als essbare Dekoration.

Standortbestimmung Nun musst du einmal deinen Balkon beobachten: Wann scheint dort die Sonne? In welche Himmelsrichtung ist er ausgerichtet? Die Lage spielt eine entscheidende Rolle für die Auswahl der Pflanzen.

Für jede Pflanze gibt es den passenden Standort …

DER SONNENBALKON (AUSRICHTUNG NACH SÜDEN)

- Aronia (*Aronia melanocarpa*, Sorte Nero)
- Rote Johannisbeere (*Ribes rubrum*, diverse Sorten)
- Felsenbirne (*Amelanchier lamarkii*)

Diverse Kultur-Obstsorten in Säulenform: Alle diese Gehölze benötigen einen möglichst großen Pflanzkübel mit 40 cm tiefer Erde sowie regelmäßige Gaben an Wasser (ab und an auch im Winter!) und organischem Dünger. Ansonsten ist mit Kümmerwuchs und wenig Früchten zu rechnen.

- Dost (*Origanum vulgare*)
- Thymian/Quendel (*Thymus serpyllum*)
- Schafgarbe (*Achillea millefolium*)
- Wiesen-Salbei (*Salvia pratensis*)
- Wilde Malve (*Malva sylvestris*)

Diese Pflanzen gedeihen auch schon in Kästen und Töpfen mit jedoch mindestens 20 cm tiefer Erde.
Ergänzend dazu fühlen sich hier auch die bekannten mediterranen Kräuter wie Salbei, Rosmarin und Basilikum wohl. In Kästen und Töpfen mit humoser, feuchter Erde kann man Rauke (Rucola), Kapuzinerkresse und Ringelblumen um die Wette wuchern lassen und allesamt im Salat genießen. Die Samen sind im Gartenfachhandel erhältlich. Falls Melden, Vogelmiere oder Knopfkraut von alleine aufkommen: wunderbar!

DER HALBSCHATTENBALKON (AUSRICHTUNG NACH WESTEN UND OSTEN)

Gehölze:

- Aronia (*Aronia melanocarpa*, Sorte Nero)
- Kornelkirsche (*Cornus mas*, Sorten mit großen Früchten wie Jolico oder Schönbrunner Gourmet Dirndl)
- Stachelbeere (*Ribes uva-crispa*)
- Heidelbeere (*Vaccinium corymbosum*; benötigt spezielle, saure Erde!)

Wildstauden:

- Spitzwegerich (*Plantago lanceolata*)
- Brennnessel (*Urtica dioica*)
- Giersch (*Aegopodium podagraria*)

▲ Erst wenn die Früchte der Kornelkirsche tiefrot und leicht glasig sind, haben sie das optimale Reifestadium erreicht.

- Löwenzahn (*Taraxacum officinale*)
- Taubnessel (*Lamium-Arten*)

Ergänzend »normale« Küchenkräuter wie Petersilie, Schnittlauch, Rauke (*Rucola*). Sowie einjährige Pflanzen wie Kapuzinerkresse, Ringelblume, Hornveilchen (im Frühling).

DER SCHATTENBALKON (AUSRICHTUNG NACH NORDEN)

- Schwarze Johannisbeere (*Ribes nigrum*, diverse Sorten)
- Bei den Wildstauden: Gundelrebe (*Glechoma hederacea*)
- Nelkenwurz (*Geum urbanum*)
- Waldmeister (*Galium odoratum*)

Auch Löwenzahn, Giersch und Brennnessel sowie »normale« Küchenkräuter wie Schnittlauch, Petersilie und Kresse gedeihen in lichtem Schatten gut.

Sicher wird dein Balkon auf diese Weise anders aussehen. So schön ein blütenreicher Balkon mit Altgewohntem wie Geranie, Petunie & Co. auch sein kann, umso bereichernder wird dein essbarer Balkon sein, wenn du täglich davon ernten kannst. Wenn schließlich die ersten Wildpflanzen ihre Blütenpracht zeigen – wie das Pink von Malven und Thymian, das Lila von Salbei und Lavendel, das Gelb-Orange von Ringelblume und Kapuzinerkresse sowie die weißen Tupfer der Schafgarbe – dann lachen Herz und Auge.

Die wilde Küche

Wild versorgt – gut versorgt!

»Wildes kochen und essen – wildes Kochen und Essen«: Die schöne Wortspielerei soll ein Vorgeschmack auf ein Thema sein, das auf den ersten Blick herausfordernd klingen mag, aber am Ende doch genial einfach sein wird. Das Sammeln der essbaren Wildpflanzen mit profunden Kenntnissen über Botanik und Verwechslungsgefahren ist die eine Kunst – die andere ist die Verarbeitungskunst. Eventuell wird es in deiner Küche auch erst einmal wild aussehen, doch schließlich belohnen dich neue Geschmackserlebnisse sowie ein neues Darmgefühl. Das Umdenken fällt nicht schwer, denn bestimmte Verarbeitungstechniken wie Dünsten oder Einkochen sind bekannt. Trotzdem ist die Anschaffung bestimmter Küchengeräte überlegenswert, denn essbare Wildpflanzen können damit zum großen Teil rohköstlich, vegan sowie bioverfügbar verarbeitet werden. Die Pflanzen werden sozusagen veredelt.

Zu den sinnvollen Anschaffungen gehören:

- ein leistungsstarker Mixer, vor allem für Grüne Smoothies
- ein Blender oder Stabmixer für Pesto und Saucen
- ein Dörrgerät für Rohkostbrot, Tee, Laubmehl
- ein Entsafter für Blattgrün und faserhaltiges Gemüse
- ein Passiergerät (Flotte Lotte, Passevite) für steinige Früchte
- ein Mörser für Gewürze und Samen
- ein Starterset für Fermentation
- Weckgläser und Einmachgläser

Die Gerätschaften gilt es individuell zu planen (auch kostentechnisch) – der gesunde Mehrwert wird sich allerdings rasch einstellen. Wenn du nie einen Grünen Smoothie zubereiten willst, genügt ein Blender. Wenn du gerne viele Herbstfrüchte verarbeiten willst, ist ein Passiergerät absolut sinnvoll. Wenn für den Anfang auch eine gute Pfanne und ein einfacher Mixer ausreichen, der Wunsch nach weiteren, hochwertigen Geräten und die Freude daran wird sich von alleine entwickeln!

Die Erfahrungen aus unseren Präsenzkursen zeigen, dass sich nach einem Tag wilder Versorgung mit Smoothie, Pesto, Salat, Suppe und Aufstrichen ein sofortiges Wohlgefühl einstellt. Nach vier Tagen sind alle Teilnehmer nicht nur glücklich und satt, sondern in der Tiefe genährt.

▲ Aus den Blättern der Knoblauchsrauke lässt sich mit Olivenöl, Nüssen, Salz, Zitrone und Käse im Nu ein leckeres Pesto zaubern.

EHRLICH – WERTVOLL – VIELSEITIG

Essbare Wildpflanzen sind die ehrlichsten Lebensmittel, die du heute bekommen kannst. Die wilde Natur bietet dabei zahlreiche Vorteile: Sie wachsen ohne Züchtung, ohne Gentechnik, ohne Dünger, ohne Agrarchemie, brauchen keine langen Transportwege, sparen Verpackung und Müll und sind garantiert frisch. Dabei werden regionale und saisonale Ressourcen genutzt.

Essbare Wildpflanzen sind wertvolle Lebensmittel, denn im Vergleich mit Kultursorten enthalten sie ein Vielfaches an Vitaminen, Mineralien und Spurenelementen. Zudem verfügen sie über wertvolle sekundäre Pflanzenstoffe wie ätherische Öle, Bitterstoffe und Antioxidantien. Wildes Gemüse, Kräuter, Blüten, Salate, Beeren, Früchte und Nüsse sind eine kulinarische Bereicherung und die ideale Grundlage für ein gesundes Leben.[40]

Essbare Wildpflanzen ermöglichen einen vielseitigen Küchenalltag, vom Frühstück bis zum Abendessen, und zwar das ganze Jahr hindurch. Durch Einkochen, Dörren oder Fermentieren frischer Früchte oder Blätter entsteht für das Winterhalbjahr eine perfekte Vorratshaltung, die nur durch wilden Heißhunger gefährdet sein wird. Nüsse tragen ihren Vorratsbehälter schon mit sich und Wurzeln können in einer Kiste mit Sand gut überwintern. Einfach gesagt, kannst du mit essbaren Wildpflanzen auch alles kochen, dünsten, backen, mixen oder einmachen, wie du es von klassischen Zubereitungsarten her kennst. Uns liegt es am Herzen, wie eingangs schon erwähnt, dass ein Teil der Gerichte rohköstlich sowie vegan oder vegetarisch ist. Eine umfangreiche und grundsätzlich vegetarische Rezeptsammlung ist in allen Selbstversorger-Büchern (siehe Literaturliste) zu finden. Da es im Grunde einfach ist, braucht es nur ein kurzes Umdenken, und schon kann es losgehen!

Liebe geht bekanntlich durch den Magen, die Liebe zur Natur in unser Herz.

▲ Getrocknete Wildkräuter eignen sich gut für Tee oder Kräutersalz.

WILDE VIELFALT

Im Frühjahr finden wir von März bis Juni viele würzige Kräuter und schmackhafte Wildgemüse in Hülle und Fülle. Im Juni und Juli sind die Konzentrationen an Duftstoffen und ätherischen Ölen besonders hoch – es ist die Zeit der duftenden Blüten und Kräuter, zur Herstellung von Tees, Sirup und Limonaden. Im Sommer bieten besonders die ein- und zweijährigen Pflanzen wie Melde, Gänsedistel, Malve, Nachtkerze und Franzosenkraut reichlich Nahrung. Nur in trocken-heißen Sommern kann es zu einer Sammelpause kommen. Im Spätsommer und Herbst lockt dann alles gleichzeitig: Wildfrüchte wie Hagebutten, Kornelkirschen und Ebereschen, Nüsse aller Art, und auch die Kräuter erleben nach der sommerlichen Hitze und Trockenheit nun ihre zweite Saison. Dies ist die Gelegenheit, Vorräte für die Wintermonate anzulegen, in denen schließlich nur noch verhältnismäßig wenige immergrüne Stauden frisches Grün anbieten.[42]

Lust auf Aufstriche, Blütenzucker, Chutney, Dips, Eintöpfe, Essig, Frischpflanzensaft, Fruchtleder, Frühstücksbrei, Gelee, Grüner Smoothie, »Kapern«, Kompott, Kräuterbutter, Kräutersalz, Kuchen, Lasagne, Likör, Limonaden, Marmelade, Müsli, Naschwerk, Öle, Oxymel, Pesto, Pflanzenpulver, Salate, sauer Eingelegtes, Sirup, Sorbet, Spinat, Suppen, Teemischungen, Wurzelkaffee, Würzpulver ...? Und alles »in wild«? Die folgende »Speisekarte« soll die Vielfalt und verwilderten Kombinationsmöglichkeiten sichtbar machen.

Bunt & lecker zu jeder Jahreszeit …

Frühling & Frühsommer

Frühstück Brennnessel-Smoothie, Frühstückstrunk aus Löwenzahn, Möhren, Äpfeln und Rote Bete, Müsli mit Walderdbeeren

Mittagessen Wildkräuterquark mit Pellkartoffeln und Leinöl, Brennnesselgemüse mit Hirsebratlingen, asiatisches Löwenzahnblütengemüse, Bärlauch-Dinkel-Suppe

Abendessen Gierschgemüse an Erdnuss-Curry-Sauce mit Reis, Pasta mit Bärlauch-Giersch-Pesto, Lindenblättersalat

Für den süßen Hunger Himbeercreme mit süßem Gundelrebe-Pesto, Holunderblütenküchlein, schokolierte Gundelrebeblätter

Zum Mitnehmen für unterwegs Salat aus Vogelmiere-Triebspitzen und Gänseblümchen, Grüner Smoothie mit Frühlingskräutern, Sandwich mit Bärlauch-Löwenzahn-Aufstrich

Hochsommer & Spätsommer

Frühstück Aronia-Smoothie, Hirsebrei mit Brombeeren oder Maulbeeren, Dinkelvollkornbrot mit Felsenbirnenkonfitüre

Mittagessen Meldenspinat mit Spiegelei, Gemüse von der Gänsedistel mit Quinoa, Deftiger Brennnesselkuchen, Gemüsesuppe mit Engelwurz

Abendessen Wilde-Möhren-Suppe mit Brennnesselsamen, Brotaufstrich mit Bachbunge, Wiesenbärenklau (mariniert mit Olivenöl, Zitrone und Salz)

Für den süßen Hunger Heidelbeersorbet, Mahonien-Fruchtleder-Röllchen, Kirschpflaumen-Streuselkuchen

Zum Mitnehmen für unterwegs Rohköstliche Melden-Leinsamen-Cracker mit Gemüsesticks, Saft aus Kletten-Labkraut und Äpfeln, Salat aus Hirse und Springkrautsamen

Herbst & Winter

Frühstück Sanddorn-Smoothie, Buchweizenbrei mit Holunderbeerenmus, Obstsalat mit Hagebuttenmark

Mittagessen Salat aus Brunnenkresse mit gebackenen Kürbisspalten und Brennnesselsamen, Warmer Kartoffelsalat mit Löwenzahn und gerösteten Bucheckern, Esskastanien mit Rosenkohl oder Wirsing

Abendessen Pikantes Maronenpüree, Schafskäse mit Ebereschen-Fruchtaufstrich und Eichelbrot, Pastinakensuppe mit Haselnussbrot

Für den süßen Hunger Hagebutten-Dessertcreme, Goji-Orangen-Wackelpudding Apfelkompott mit Schneeball oder Weißdorn

Zum Mitnehmen für unterwegs Bucheckern (geröstet und gesalzen), Haselnüsse und Walnüsse, rohköstliches Eichel-Dattel-Konfekt, »Oliven« von der Kornelkirsche und Schlehe

Wilde Grundrezepte

Appetit bekommen? Die folgenden Grundrezepte werden dir den Start in das wilde Küchenleben erleichtern. Dabei sind die Zutaten je nach Jahreszeit austauschbar. Die Voraussetzung ist, dass du alle essbaren Wildpflanzen einwandfrei erkennen kannst. Je nach Sammelort ist das Waschen von Wildkräutern und Wildgemüse sinnvoll. Wer im eigenen Garten sammelt, kann darauf auch verzichten. Wichtig ist hier das »Bauchgefühl«: Du sollst dich immer sicher dabei fühlen!
Das Thema Hygiene wird im Kapitel »Keime: deine Freunde & Helfer« (siehe hier Seite 99) näher beleuchtet.

Wichtige Grundzutaten fürs Kombinieren von »Kultur & wild«:

- Hirse, Quinoa, Vollkornreis, Basmatireis, Couscous, Kartoffeln, Nudeln
- Hafer für die Flockenquetsche
- Getreide aus Emmer, Einkorn und Dinkel
- Buchweizen und Amaranth sowie Esskastanien für die glutenfreie Ernährung
- Datteln, Rohrohrzucker, Honig
- Getrocknete Früchte wie Aprikosen, Feigen (eher im Winterhalbjahr)
- Gute, native Öle (Olivenöl, Leinöl)
- Alles aus dem Nuss- und Kernsortiment: Walnüsse, Sonnenblumenkerne, Mandeln, Haselnüsse, Cashew- und Pinienkerne
- Steinsalz
- Gewürze wie Pfeffer, Muskat, Currymischungen, Harissa
- Getrocknete Kräuter aus dem Garten oder von Bioanbietern
- Hagebuttenpulver und -mark, Brennnesselsamen
- Beeren (selbst gesammelt und rohköstlich getrocknet)
- Eicheln, Bucheckern und Esskastanien aus dem Vorrat

Und natürlich gehören zu den Grundzutaten auch Obst und Gemüse vom Biobauern oder aus dem Naturkostladen.
Nun kann »Wild« losgehen!

REZEPTE

WILDES PESTO

Es passt nicht nur klassisch zu Pasta, sondern auch zu Hirse-, Quinoa- oder Reisgerichten. Pur aufs Brot oder als Topping auf dem Salat schmeckt es ebenso lecker. Geeignete Pflanzen: Bärlauch, Brunnenkresse, Giersch, Hirtentäschel, Kleinblütiges Knopfkraut (Franzosenkraut), Knoblauchsrauke, Löwenzahn, Vogelmiere, Wilder Schnittlauch.

Zutaten für 1 Glas (ca. 250 ml)

1–2 Handvoll frische Wildkräuter
100 g Mandel- oder Sonnenblumenkerne
1 Knoblauchzehe
½ TL Steinsalz
etwas Pfeffer
etwas Kokosblütenzucker oder
1 eingeweichte Dattel
1–2 TL Biozitronensaft
8 EL natives Olivenöl

Zubereitung

Die Wildkräuter waschen und grob hacken. Zusammen mit den Mandel- oder Sonnenblumenkernen in einen Blender geben und mit der Knoblauchzehe (nach persönlichem Geschmack auch mehr), Gewürzen, je nach Bitterstoffgehalt der Pflanzen mit etwas Zucker, Zitronensaft und Öl mixen. Anschließend in ein sauberes Schraubdeckelglas abfüllen und im Kühlschrank lagern. Mit Öl bedeckt ist es im Kühlschrank durchaus ein halbes Jahr haltbar.

GRÜNER SMOOTHIE

Ein Smoothie ist grundsätzlich kein Getränk, sondern eine Mahlzeit, allenfalls eine Zwischenmahlzeit. Das Besondere am Grünen Smoothie ist der hohe Anteil an Blattgrün. Dieses wird in einem Hochleistungsmixer so aufgeschlossen, dass es vom Körper bzw. von den Körperzellen optimal aufgenommen werden kann. Darum empfehlen wir immer das »Schmauen«, das heißt, ihn langsam schmeckend und kauend zu genießen. Zum Saisonstart eignen sich folgende Pflanzen für einen Grünen Smoothie: Brennnessel, Gänseblümchen, Giersch, Labkräuter, Löwenzahn, Taubnesseln, Vogelmiere, Wiesen-Bärenklau, Wegeriche.

Zutaten für 4 Gläser

4 Handvoll Wildkräuter je nach Saison
1 Bioapfel oder 1 Biobirne
1 große Biozitrone
1 Banane und/oder 4 entsteinte Datteln
1 EL Leinsamen oder Flohsamen
600 ml reines Wasser

Zubereitung

Alle Zutaten in dieser Reihenfolge in einen leistungsstarken Mixer geben. Die Kräuter oder Triebspitzen zuerst, sie müssen direkt Kontakt mit dem Schneidemesser haben. Von der Zitrone die gelbe Schale nur zu 90 Prozent entfernen, die weiße Haut möglichst am Fruchtfleisch belassen. 1 bis 2 Minuten pürieren. Sofort in Gläser abfüllen und langsam im Mund »schmauen«.

WILDER SPINAT

Im Vergleich zum Kulturspinat hat dieses Gemüsegericht garantiert mehr »Power«. Aus den Triebspitzen und/oder Blättern von Brennnessel, Gänsedistel, Giersch, Melde (Weißer Gänsefuß), Taubnessel oder Wiesenbärenklau lässt es sich leicht zubereiten und passt hervorragend zu Kartoffeln, Reis, Quinoa oder Hirse.

Zutaten für 1 Portion

2 Handvoll Wildgemüse/Triebspitzen
1 Zwiebel und/oder 2 Knoblauchzehen
1 EL Kokosöl oder natives Olivenöl
etwas Gemüsebrühe
Steinsalz, Pfeffer, Muskat
evtl. etwas Schmand oder Hafersahne

Zubereitung

Die Wildpflanzen gut waschen und mundgerecht klein schneiden. Die Zwiebel (wahlweise Knoblauchzehen) fein hacken und in Öl im Wok oder in der Pfanne kurz andünsten. Das Wildgemüse hinzugeben, zusammenfallen lassen und mit etwas

Wasser oder Gemüsebrühe ablöschen. Ca. 5 Minuten auf kleiner Flamme köcheln lassen, eventuell Wasser nachgießen. Mit Salz, Pfeffer und Muskat würzen. Zur Verfeinerung nach Wunsch einen Klecks Schmand oder vegane Hafersahne verwenden.

»VERWILDERTER« SALAT MIT KRÄUTERN UND BLÜTEN

Hier treffen sich Kultur- und Wildpflanzen in einer Schüssel. Endivie, Batavia oder Kopfsalat lassen sich hervorragend kombinieren. Auch Radieschen, Gurke oder Tomate dürfen dabei sein. Geeignete Wildpflanzen: Löwenzahn, Bärlauch, Gänseblümchen, Giersch, Bachbunge, Brunnenkresse, Knoblauchsrauke, Schafgarbe, Spitzwegerich, Gundermann (in kleinen Mengen!), Labkräuter, Malven, Vogelmiere, Wilder Schnittlauch.

Zutaten & Zubereitung

Endivie, Batavia oder Kopfsalat sowie Knackiges kommen gewaschen und klein gezupft oder geschnitten in eine große Salatschüssel. Als »wilden Anteil« gibt man **1 bis 2 Handvoll** gewaschene und klein geschnittene Kräuter dazu. Als Topping werden verschiedene essbare Blüten der Jahreszeit (Gänseblümchen, Rotklee, Malve, Rainkohl, Löwenzahn) darübergestreut. Das Salatdressing wird klassisch aus **3 EL** nativem Olivenöl, **2 EL** Biozitronensaft oder weißem Balsamico, Steinsalz, Pfeffer und etwas Senf hergestellt.

▲ Fein geschnitten wird die Blütenmischung zusammen mit Steinsalz und Zitronenzesten für eine sommerliche Blütenbutter verarbeitet.

ESSBARE BLÜTEN

Viele dieser Blüten, die man zur Dekoration, zum Beispiel von Salaten, Gemüsegerichten und Desserts, verwenden kann, stecken voller sekundärer Pflanzenfarbstoffe. Bei den weißen und hellgelben sind dies die Flavonoide, bei orangefarbenen und roten Blüten Carotinoide, bei violetten und blauen Blüten Anthozyane.

- **Weiße und rosa Blüten:** Apfel, Bärlauch, Brunnenkresse, Gänseblümchen, Gänsedistel, Giersch, Hirtentäschel, Knoblauchsrauke, Mädesüß, Wiesen-Bärenklau, Wiesen-Schaumkraut, Melde, Wiesen-Labkraut, Linde
- **Gelbe Blüten:** Knopfkraut, Echtes Labkraut, Löwenzahn, Nachtkerze, Spitzahorn, Goldnessel, Barbarakraut
- **Orangefarbene Blüten:** Ringelblume, Kapuzinerkresse
- **Rote, violette und blaue Blüten:** Malve, Wegwarte, Taubnessel, Rotklee, Gundelrebe, Rosen

REZEPTE

WILDKRÄUTERQUARK ODER -FRISCHKÄSE

Dieses Rezept ist denkbar einfach und ein gutes Anfängergericht. Es schmeckt lecker zu Pellkartoffeln, als Dip oder auf Brot. In einem Schraubdeckelglas ist der Quark oder Frischkäse im Kühlschrank 2 bis 4 Tage haltbar. Geeignet sind alle Wildkräuter, wie z. B. Bachbunge, Brunnenkresse, Bärlauch, Gänseblümchen, Giersch, Knoblauchsrauke, Labkräuter, Löwenzahn, Schafgarbe, Spitzwegerich, Vogelmiere, Wilder Schnittlauch. Für eine vegane Version kann man gerne auch Seidentofu nehmen. Leinöl sollte nur für den Sofortverzehr verwendet werden.

Zutaten für 1 Portion (als Dip)
100 g Quark (Frischkäse/Seidentofu)
1 Handvoll Wildkräuter
Salz, Pfeffer
1 EL natives Olivenöl oder Leinöl

Zubereitung
Die Kräuter waschen, fein schneiden und unter den Quark oder Frischkäse rühren. Die Mischung nach Geschmack mit Salz und eventuell Pfeffer (je nach Scharfstoffanteil der Kräuter) würzen. Beim Anrichten mit Leinöl oder Olivenöl abschmecken.

KRÄUTER-BASENSAFT

Geeignete Pflanzen für diesen Frischekick sind alle Wildkräuter, außer stark würzende Arten wie Bärlauch und Knoblauchsrauke oder sehr bittere wie Löwenzahn und Schafgarbe. Besonders gesund und lecker sind hierfür Brennnessel, Giersch, Kletten-Labkraut – oder eine Mischung. Dann kann auch ein wenig Bitteres dazugenommen werden.

Zutaten für ca. 0,5 l Saft
5 Handvoll Wildkräuter
4 Bioäpfel
1 große oder **2 kleine** Biozitronen
½ Biosalatgurke
1 Stück Ingwer (1 cm)

Zubereitung
Alle Zutaten werden zusammen in einem guten Entsafter (möglichst mit horizontaler Walzentechnik) schonend verarbeitet.

▲ Nicht nur die Blätter und Blüten, sondern auch die Wurzeln des Löwenzahns lassen sich, frisch oder getrocknet, vielseitig verwenden.

WILDE VORRATSHALTUNG

Nach der ersten Hochsaison im Frühling und Sommer und den frischen Zubereitungen zum Sofortverzehr darf auch an die Haltbarmachung gedacht werden, selbst wenn es nur für 8 Wochen im Kühlschrank ist. Wenn schließlich die Beeren-, Frucht- und Nusssaison anfängt, dann ist bewährtes Küchenhandwerk gefragt. Das gute alte Einmachen und Einkochen ist ja wieder in Mode und erlebt zum Glück eine Wiederkehr in die Küche und die Vorratsschränke. Beim rohköstlichen Dörren und Trocknen (bei maximal 40 °C) bleiben Nähr- und Vitalstoffe erhalten. Die Verwendung von Öl und Essig konserviert. Einkochen von Marmelade und Dampfentsaften ist die Grundlage für Kuchen, Desserts oder Säfte.

Lagern von (wilden) Wurzeln

Mit einer Mischung aus Quarzsand und Torf wird eine Kiste gefüllt, die im nicht zu feuchten Keller steht. Wurzelgemüse hält so ohne Probleme bis Anfang März.

Rohköstliches Trocknen von Blattgemüse, Blüten und Beeren

- im Dörrgerät (Temperatur kann eingestellt werden)
- mit der Kochlöffelmethode im Backofen (Einstellung 50 °C mit eingeklemmtem Kochlöffel in der Ofentür) oder
- auf einem Tuch auf einem Wäscheständer im luftig-warmen Zimmer

Das Wichtigste ist: Die getrockneten Pflanzenteile müssen zur Vorratshaltung rascheltrocken sein. Große Pflanzenteile werden etwas gerebelt und dann in saubere Gläser gefüllt. Diese werden am besten an einem dunklen, trockenen Ort gelagert.

Wildes Pesto

In der Frühlingssaison bietet sich die Herstellung gleich mehrerer Gläser Pesto an. Egal ob mit Bärlauch, Knoblauchsrauke, Giersch oder Löwenzahn: Wenn es ohne Käse zubereitet wird, hält sich das Pesto bis zu einem Jahr im Kühlschrank. Sinnvoll ist gutes Olivenöl und Zitrone zur Haltbarmachung.

Achtsam & liebevoll

Der Genuss fängt schon beim Zubereiten an und geht über einen liebevoll gedeckten Esstisch weiter. Überhaupt spielt deine Zuwendung und Liebe eine wichtige Rolle: Du wirst es schmecken, wenn das Essen mit Achtsamkeit und Wertschätzung gekocht wird. Vielleicht ist beim eigenen Sammeln die Wertschätzung der Lebensmittel sogar noch etwas größer ...

Was wir beim Genießen eines Smoothies immer raten – nämlich ihn nicht rasch hinunterzuschlucken, sondern zu »schmauen« (eine Verbindung aus Schmecken und Kauen, ein bewusstes, achtsames Genießen) –, schult die Geschmacksknospen auf der Zunge. Die Verdauung wird dadurch anders, gleichwohl schonender angeregt. Die Technik des langsamen Kauens kannst du übrigens für alle Gerichte anwenden. Es lohnt sich sehr, denn beispielsweise Bitterstoffe in den essbaren Wildpflanzen bieten so neue Geschmackserlebnisse, und deine Leber wird es dir danken!

Das Gefühl angesichts eines gefüllten Vorratsschranks mit selbst gesammelten Lebensmitteln, die dich das ganze Jahr gut versorgen, ist eine wertvolle Erfahrung.

Das Gefühl von Gesundheit und Lebenskraft ist eine wichtige Grundlage für deinen Alltag.

Das Gefühl von Unabhängigkeit lässt dir Flügel wachsen ...

▾ Das Auge isst mit – was gut aussieht, schmeckt auch besser!

Keime: deine Freunde & Helfer

Die natürliche Ordnung

Keime haben in unserer Gesellschaft einen ganz schlechten Ruf. Bakterien, Viren und Pilzsporen gelten als gnadenlose Killer, die nur eines im Sinn haben: uns selbst oder unsere Tiere oder Feldfrüchte zu befallen und zu töten. Da sie für das menschliche Auge unsichtbar sind und theoretisch überall lauern können, lösen sie leicht Angst und Panik aus, und diese wiederum verdrängen das rationale Denken. Viele Zeitgenossen erachten den Kampf gegen die Keime für unerlässlich, um so die scheinbar ständig drohenden Gefahren abwenden zu können.

Eine Art Kriegszustand mit entsprechenden Konsequenzen. So werden Warnungen und Bedrohungsszenarien publiziert, wird desinfiziert, und man schirmt sich mit Masken ab, um dennoch in permanenter Angst vor dem unsichtbaren Feind und in ständigem Misstrauen zu leben.

Hier stellt sich die grundsätzliche Frage: Kann so ein gesundes, glückliches Leben gelingen? Natürlich gibt es Sondersituationen, wie etwa im Operationssaal oder bei Behandlung immungeschwächter Patienten. Hier ist strengste Hygiene Pflicht und kann bedrohtes Leben retten. Doch soll der Ausnahmezustand unser Leben bestimmen?

Aus ökologischer Sicht ergibt sich ein ganz anderes, ein das Leben bejahendes Weltbild: Die unsichtbaren Mikroben schaffen die Lebensgrundlage für uns Menschen! Sie sind die Spezialisten für Abbau und Recycling. Ohne ihr Sein und Wirken gäbe es weder fruchtbare, humose Böden, auf denen Pflanzen aller Art, ergo auch unsere Nahrung, gedeihen können, noch wären wir selbst in der Lage, die aufgenommene Nahrung zu verdauen, da auch das sogenannte Mikrobiom in unserem Darm aus solchen Keimen besteht. Dazu später noch mehr, zunächst ist es wichtig, die grundsätzliche Rollenverteilung im ökologischen Zusammenwirken des Lebens auf unserem Planeten zu verstehen.

▾ Gesundes Essen fängt mit gesundem Boden an.

Natürliche Berufung

Aus ökologischer Sicht gibt es drei »Berufe«, in denen alle Lebewesen tätig sind:

- Aufbauen (Algen, Pflanzen)
- Konsumieren (Tiere, Menschen)
- Abbauen (Keime, Pilze)

Innerhalb der drei Gruppen teilen sich die Tätigkeiten in unzählige ökologische Nischen auf. Doch so unterschiedlich die aufbauende Tätigkeit einer Alge und die einer Eiche sein mag, sie haben das gleiche Grundprinzip gemein: Beide können mittels ihres grünen Chlorophylls Photosynthese betreiben (siehe Kapitel 1, Seite 10 f.) und produzieren damit den Sauerstoff unserer Atmosphäre sowie Eiweiße, Fette und Kohlenhydrate. Damit schaffen sie die Lebensgrundlage aller Konsumenten, sosehr sich auch die Konsumgewohnheiten einer Blaumeise von denen eines Fuchses oder eines Menschen unterscheiden mögen. Die abbauenden Wesen (die sogenannten Destruenten) schließen den Kreislauf des Lebens, indem sie alle Überreste der aufbauenden und konsumierenden Wesen recyceln und so einem erneuten Aufbauprozess zur Verfügung stellen. Ohne sie geht nichts! Stellen wir uns doch einmal vor, was wäre, wenn während der vergangenen 10 000 Jahre (seither wachsen bei uns nach der Eiszeit wieder Wälder) niemand das herbstliche Laub zersetzt und zu Humus umgebaut hätte.

▾ Der Kreislauf des Lebens

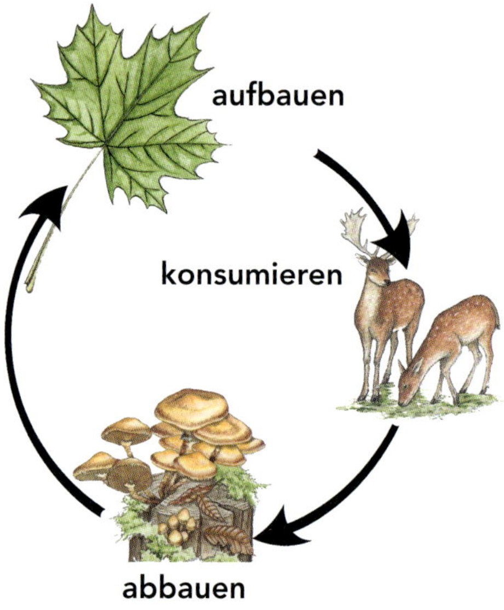

UNSERE ROLLE ALS KONSUMENTEN

Hier wird klar: Das Leben auf unserem schönen Planeten funktioniert nur, wenn jedes Wesen auf seinem Posten seiner ureigenen Berufung folgt. Für Algen, Pflanzen, Tiere, Bakterien und Pilze ist diese eine Selbstverständlichkeit – für uns Menschen oft eine große Herausforderung. Immer wieder fragen Teilnehmer der von mir geleiteten Ausbildungen, ob es denn nicht nur aus ökologischer, sondern auch aus moralischer Sicht vertretbar sei, in der Natur wilde Lebensmittel zu sammeln – schließlich würde man die Pflanzen damit ja schädigen. Da im Unterricht ausschließlich Pflanzen thematisiert werden, die in Mitteleuropa fast überall und oft in Massenbeständen anzutreffen sind, kann dies nicht der Grund für solche Bedenken sein. Hier zeigt sich meines Erachtens nach die aus der Trennung von der Natur hervorgegangene Verunsicherung über unsere eigene Rolle und unsere Bestimmung auf der Erde: Der Gang in den Supermarkt gilt als normal, doch konfrontiert mit der archaischen Situation, sich in der Natur (teilweise) selbst zu versorgen, tauchen diese Bedenken auf einmal auf. Umso bemerkenswerter ist dies, wenn man bedenkt, dass die in der Natur gesammelten Lebensmittel nicht verpackt sind und damit keinen Müll verursachen, ferner immer regional und saisonal geerntet werden; den Transport erledigen wir zu Fuß und Agrarchemie war zur Produktion auch nicht im Einsatz. Sammeln ist daher die für uns artgerechteste Weise, gute Lebensmittel zu beschaffen.

Als berufene Konsumenten ist es unser natürliches Grundrecht, immer mit Lebensmitteln guter Qualität versorgt zu sein!

▲ Wilder Spinat von der Wiese schmeckt gut in einem deftigen Kuchen. Achtsames Sammeln und Zubereiten stehen hier im Vordergrund.

An dieser Stelle gilt es also, an unserem Bewusstsein zu arbeiten, eingeredete Schuldgefühle loszulassen und die Verdrehung aufzulösen beziehungsweise die Dinge wieder vom Kopf auf die Füße zu stellen, um in der natürlichen Ordnung anzukommen. Dabei plädieren wir aber nicht dafür, in der Natur als Konsument im Sinne des zu Ende gegangenen Zeitalters aufzutreten und sich gierig wilde Lebensmittel anzueignen. Es geht darum, bewusst und achtsam und vor allem in Dankbarkeit zu sammeln. Dankbarkeit ist das, was du der Natur zurückgeben kannst und worüber sich

Wertschätzungsübung

Wenn du das nächste Mal in Wald, Feld und Wiese zum Sammeln unterwegs bist und etwas Schönes gefunden hast, dann halte einmal inne, atme tief durch und sage sinngemäß Folgendes: »Ich bedanke mich bei allen Bakterien, Würmern und Pilzen, die den fruchtbaren Boden geschaffen haben, auf welchem diese wunderbaren Brennnesseln, Kornelkirschen etc. gedeihen. Ich lasse alle Schuldgefühle los, nehme meine natürliche Rolle als Konsument an. Ich bedanke mich bei den Brennnesseln, Kornelkirschen etc. und nehme ihre Gaben mit Freude und Dankbarkeit an.« Als Zeichen deiner Wertschätzung kannst du zum Beispiel aus Materialien, die du an diesem Ort findest, ein kleines Mandala legen oder ein paar Getreidekörner ausstreuen für die nächste Maus, die vorbeikommt.

die Mitlebewesen am meisten freuen! Indem wir diese Dankbarkeit in uns kultivieren und alle Altlasten abstreifen, wachsen wir mit der Zeit in die edelste Form des Konsumenten hinein: Wir werden zum Hüter der Erde.

RAUS AUS DEM SCHATTENDASEIN!

Leider führen die abbauenden Wesen, wie Keime und Pilze, bis heute in unserem Bewusstsein eine Art Schattendasein. Vielleicht mag dies auch daran liegen, dass sie eher im Dunkeln und Verborgenen arbeiten, zum Beispiel im Boden oder in deinem Komposthaufen oder in deinem Darm. Ja, genau – auch in dir laufen Vorgänge ab, die denen in einem Boden sehr ähnlich sind. Wir nennen diesen Vorgang Verdauung.

So lange diese problemlos, also ohne Blähungen, Verstopfung oder Durchfall funktioniert, denken wir kaum darüber nach, wie und wer eigentlich in uns diese Arbeit erledigt. Heute, in Zeiten der unzähligen Nahrungsmittel-Unverträglichkeiten und Allergien, löchriger Gedärme (bekannt unter der Diagnose »Leaky-Gut-Syndrom«) und geschwächter Immunsysteme, wird dem Darm und seiner Funktionsweise allerdings aus der Not heraus immer mehr Aufmerksamkeit zuteil. Bestseller wie *Darm mit Charme*[42] stehen wochenlang auf Platz 1, und auch die Schulmedizin kümmert sich verstärkt um das faszinierende Zusammenspiel zwischen dem menschlichen Körper und seinen zahlreichen Mitbewohnern.

Das Mikrobiom

Eine gesunde, uns optimal nährende Verdauung ist tatsächlich ein Gemeinschaftswerk des Körpers und dieser mit uns in erfolgreicher Kooperation, »Symbiose« genannt, lebenden Keime. Wir leisten zunächst die Vorarbeit, indem wir die Nahrung möglichst gut zerkauen, und dabei einspeicheln und mit Verdauungsenzymen versetzen. Mal abgesehen von der Auswahl der Nahrungs- und Lebensmittel, schon hier beginnt bei den meisten von uns das Problem: Kaust du jeden Bissen 35 Mal? Oder schluckst du ihn schnell hinunter? Im Magen wird alles mit starker Säure versetzt und kräftig durchgearbeitet, mechanisch zerkleinert. Der Darm selbst sowie die Bauchspeicheldrüse und die Galle geben dem Nahrungsbrei enzymreiche Verdauungssäfte hinzu, sodass alles, was wir zuvor genüsslich gegessen haben, in kleine und kleinste Bestandteile zerlegt und durch die Darmwand hindurch in den Blutkreislauf aufgenommen werden kann. Dieses Zerlegen in die kleinsten Bestandteile, wie Mineralien, Spurenelemente, Aminosäuren und Zuckermoleküle, leisten die auf Abbau und Recycling spezialisierten Keime des Mikrobioms in unserem Darm.

Da im Zusammenhang mit dem Mikrobiom immer von Kleinstlebewesen wie Bakterien die Rede ist, könnte man annehmen, es handle sich beim Mikrobiom um ein zwar interessantes, aber dennoch kleines Nebenphänomen in unserem Verdauungssystem. Doch weit gefehlt: Unser Mikrobiom ist circa 2 kg schwer und besteht aus geschätzt 380 000 Milliarden Keimen aller Art, die etwa 5000 Bakterienstämmen zugeordnet werden können. Bis vor wenigen Jahren kaum beachtet, stellen wir heute also fest: Unser Mikrobiom ist ein riesiges »Organ« und wir sind nicht alleine zu Hause!

Die Vorteile dieser Symbiose entdeckten bereits Nesseltiere, wie Korallen und Quallen, und ließen die Ansiedlung von Destruenten in ihren Verdauungshöhlen zu. Seit jener evolutionären Innovation vor vielen Millionen Jahren haben sich alle Tiere bis hin zu uns Menschen in enger Kooperation mit Milliarden dieser Kleinstlebewesen entwickelt. Ihre enorme Bedeutung für unser Immunsystem – wie man heute weiß, sitzen etwa 70 Prozent des Immunsystems im Darm – ist bekannt, die genauen Wirkweisen jedoch noch nicht. Auch die Artenzusammensetzung und weitere Wirkungen auf unser Bewusstsein und unsere Psyche werden diskutiert, sind jedoch noch nicht geklärt. Es wird spannend sein, was hier aus naturwissenschaftlicher und medizinischer Sicht in den nächsten Jahren noch alles aus dem Dunkel der Gedärme ans Licht und in unser Bewusstsein kommen wird! Fest steht schon jetzt: Der Grundsatz, wie im Kleinen (unser Darm), so auch im Großen (die Böden in der Natur), bewahrheitet sich auch hier. Unser Kompost, unser Humus ist der Speisebrei im Darm: Hier brauchen wir die Tätigkeit der für uns zuträglichen Mikroben, die uns die Nahrung aufschließen und in resorbierbare Häppchen zerlegen. Klappt das nicht, haben wir Mangelsymptome. Natürlich gibt es für diese auch noch andere Gründe, wie die Auslaugung der Böden und der damit einhergehende sinkende Gehalt an Vitalstoffen in unseren Lebensmitteln, die starke Verarbeitung vieler Nahrungsmittel sowie ungesunde Konsumgewohnheiten und so weiter. Dennoch: Die Schlüsselposition nimmt das Mikrobiom ein! Aus diesem Grund ist es nun spannend zu betrachten, wie sich unser Mikrobiom bildet, ob wir es beeinflussen können und wenn ja, wie.

DAS GESCHENK DER MUTTER (ERDE)

Doch wie hat die Natur das eigentlich vorgesehen? Wie bildet der Mensch ein von sich aus stabiles Mikrobiom? Ein großes Geschenk der Mutter und der Natur ist eine natürliche Geburt. Jede Mutter wünscht sich eine solche, ohne Kaiserschnitt oder Komplikationen. Auch wenn sich das aus berechtigten, medizinischen Gründen nicht immer in der Realität umsetzen lässt, ist die Voraussetzung für einen gesunden Start für ein Neugeborenes auf diese Weise optimal. 2021 fand jede dritte Geburt in deutschen Krankenhäusern mittels Kaiserschnitt statt.[43] Über die letzten 30 Jahre hat sich laut offizieller Statistik die Zahl sogar verdoppelt! Dagegen ist die Zahl der Kliniken, die Geburtshilfe anbieten, seit 1991 auf deutlich weniger als die Hälfte gesunken. Erschreckende Zahlen, sagt das Mutterherz der Autorin ... Ist das womöglich ein neuer Trend, genährt durch Ängste, Bequemlichkeit, Terminkalender, Job oder anderen, gesellschaftlichen Gründen? Es ist längst erforscht, dass sich bei einer natürlichen Geburt die Bakterien der Mutter auf den Nachwuchs übertragen. So kann der Säugling ein eigenes Mikrobiom aufbauen, um mit der neuen, nicht sterilen Umgebung klarzukommen. Nach einem Kaiserschnitt erhalten die Neugeborenen die ersten Bakterien nur durch Hautkontakt mit den Eltern beziehungsweise der Umgebung.

Eine Mischung aus Bakterien, vorrangig Milchsäurebakterien, die die Entwicklung des Immunsystems weiter fördern, erhält das Kind auch beim Stillen durch die Muttermilch. Es ist noch gar nicht so lange her, dass eine ganze Generation in den 1960er-Jahren wenig oder gar nicht gestillt worden ist. Jeder kennt die Namen der Babynahrungshersteller, die die Supermarktregale füllten und mit dem Versuch, Muttermilch künstlich nachzumachen, den Frauen Freiheit und Erleichterung zurückzubringen versprachen. Auch wenn bei dieser künstlichen Entwicklung sicherlich noch andere Interessen eine Rolle spielten, war dieser Trend irgendwann nicht mehr aufzuhalten. Abgesehen von der Bildung des Bindungshormons Oxytocin erfüllt das Stillen auf ganzheitlicher Ebene nahezu alles, was ein Baby fürs Leben braucht. Die Natur ist einfach perfekt und sorgt auf intelligente Weise dafür, dass die besten Voraussetzungen gegeben sind.

Natürlich oder künstlich? Egal wie alt du bist: Überlege, was du alles über deine Geburt und die ersten Monate deines Neugeborenendaseins weißt. Hat dir deine Mutter davon erzählt? Wie lange bist du gestillt worden? Wenn du selbst Mutter bist: Wie war die Geburt und die Stillzeit für dich?

Jedes Baby erlebt im Verlauf seiner Entwicklung eine intensive orale Phase mit unterschiedlich wichtigen Abstufungen, die sein Immunsystem durchgängig trainiert. Es ist eine elementare Zeit für die gesamte geistige, körperliche und emotionale Entwicklung. Dabei kommt es sehr darauf an, ob die Umgebung natürlich oder eher »künstlich« ist. Eine natürliche Umgebung wäre – wie das Wort schon sagt – eine naturbelassene Auseinandersetzung mit gesundem Dreck, wie das berühmte »Essen von Erde« oder »Springen in die Pfütze«. Die künstliche Version wäre ein Leben unter übertrieben sterilen Bedingungen.
Die Art und Weise, wie wir auf die Welt gekommen und in welcher Umgebung wir wie aufgewachsen sind, wirkt sich folglich prägend auf die Zusammensetzung unseres Mikrobioms aus. Tatsächlich ist dieses, wie unsere Fingerabdrücke, unsere Gesichtsform und Iris auch, individuell unterschiedlich. Jeder verdaut also auf seine Art, und so erklären sich auch besondere Vorlieben, Abneigungen und Befindlichkeiten. Bei indigenen Völkern, die noch in ihrer traditionellen, eng mit Mutter Natur verbundenen Kultur leben, zeigt sich übrigens eine größere Vielfalt an Arten im Mikrobiom. Nach dem oben Geschilderten ist dies nicht verwunderlich und bestätigt diese Aussagen zusätzlich. Aus ökologischer Sicht kann eine größere Artenvielfalt zudem als Indiz für eine größere Stabilität des Gesamtsystems gewertet werden. Hier zeigt sich auch ein Lösungsansatz für uns: Denn wenn du jetzt vielleicht mit Schrecken feststellst, dass du selbst eine eher »künstliche« Kindheit und Jugend verbracht hast, kannst du heute viele Dinge anders betrachten, in einigen Punkten dein Verhalten ändern und damit die Dinge zum Guten wenden.

▾ Naturerfahrungen ins Leben mitgeben

11 Impulse für dein Mikrobiom

Wie kannst du deine Mitbewohner im Darm und dich selbst glücklich machen? Ganz einfach: indem du die Geschenke der Natur annimmst, dich nicht ängstlich von ihr abgrenzt, sondern vielmehr die Verbindung mit Mutter Natur bewusst genießt. Wie dir dies in deinem Alltag gelingen kann, zeigen die folgenden Tipps.

1. Ein Prosit auf das Mikrobiom: Genügend reines Wasser trinken! Wasser ist das universelle Lösungs- und Transportmittel in unserem ganzen Körper, also auch im Darm. Trinkst du zu wenig, so kann dies auf die Transportfähigkeit deines Darminhaltes negative Auswirkungen haben (siehe auch Kapitel 3, »Lebenselixier Wasser«).

2. Sich täglich bewegen! Damit ist nicht Sport oder gar Leistungssport gemeint. Die bekannten 10 000 Schritte täglich reichen aus, um die Gedärme in Schwung und gesunder Aktion zu halten. Der Sammelspaziergang im Wald zählt hier auch dazu.

3. Schädliches meiden! Weißmehlprodukte und raffinierter Zucker fördern die schädlichen Darmbewohner wie Gärungs- und Fäulnisbakterien. Mit vollwertigen Lebensmitteln beschenkst du dich mit vielen Ballaststoffen (siehe unten), und natürliche Süßungsmittel bescheren deiner Bauchspeicheldrüse keinen Zuckerstress, sondern Ruhe.

4. Grünkraft und Ballaststoffe! Ballaststoffe sind die Leibspeise der für uns zuträglichen Mikrobiomkeime. Gerade in frischen grünen Lebensmitteln sind sie, nebst den zahlreichen Vitalstoffen, reichlich enthalten. Ballaststoffe haben zudem auch die positive Eigenschaft, stark aufquellen zu können. Damit vergrößern sie das Stuhlvolumen und wirken förderlich auf die Darmperistaltik. Doch das ist noch nicht alles: Ballaststoffe können auch Gift- und Schadstoffe binden und mit sich durch den Darm transportieren – bis hin zur Entsorgung auf der Toilette. Die inzwischen bekannten Flohsamenschalen des indischen Wegerichs wirken hier ganz besonders effektiv; sie sind überall im Bio- und Reformwarenhandel erhältlich, machen Smoothies cremig (siehe Rezept Seite 84) und unser Mikrobiom glücklich.

5. Gesunder Boden = gesunde Lebensmittel = starkes Mikrobiom! Falls du gärtnerst – und sei es auch »nur« auf deinem Balkon –, so sorge für einen gesunden, lebendigen Boden (vergleiche Kapitel 6, »Wildes Gärtnern«). Die effektivste Methode, das Mikrobenleben im Boden zu aktivieren, ist es, den Boden immer bedeckt zu halten, indem du mit Gartenabfällen wie Laub und Grasschnitt (nur lange Halme) mulchst. Auch die Düngung mit selbst hergestellten Jauchen aus Brennnessel, Schachtelhalm oder Beinwell ist hilfreich, gerade für stark zehrende Gemüsesorten wie Kohl. Noch einfacher ist es, Beinwell oder Brennnesselkraut zu mulchen. Auch das Anlegen eines Komposthaufens in deinem Garten ist ein Gewinn: So kannst du nicht nur deine Küchenabfälle optimal verwerten und Pflanzerde selbst herstellen, sondern du schaffst zudem einen wertvollen Lebensraum, auf dem dann wiederum schmackhafte Kräuter wie die Vogelmiere gedeihen.

▲ Gesunde Pflanzen gedeihen durch Mulchen, wobei die Erde mit Laub abgedeckt und gleichzeitig gedüngt wird.

6. Natur pur! Wildgemüse und Kräuter sowie selbst gezogenes Gemüse aus dem Garten müssen nicht immer gewaschen werden: Ein paar Keime auf der Blattoberfläche, aus der Walderde oder der humusreichen Gartenerde schaden nicht – man kann diese auch als eine Art »Impfung« des Mikrobioms betrachten. Mein Großvater, ärmlich auf einem Schwarzwaldhof aufgewachsen und zeitlebens ein echter Selbstversorger, meinte zu diesem Thema: »Ein Pfund Dreck im Jahr ist gesund!« Er wurde gesund alt und fuhr auch noch mit über 90 Jahren mit dem Fahrrad durchs Dorf. Nun soll dies nicht als Aufruf verstanden werden, Erde einfach so löffelweise zu essen. Es geht darum, zum Beispiel ein frisch geerntetes Radieschen oder zarte Gierschblätter nicht unbedingt abwaschen zu müssen, sondern gleich vom Beet oder im Wald mit Genuss essen zu können. Erde in Form von Heilerde – dies ist durch Hitze steril gemachter Löß, also Tonminerale – oder Zeolithpulver, ein vulkanisches Mineralpulver, können, mit reichlich Wasser eingenommen, sehr gut zur Reinigung des Darms und Entgiftung des Körpers eingenommen werden. Ähnlich wie die schon erwähnten Flohsamenschalen können auch sie in den feinen Poren Stoffe aufnehmen und mit der Darmpassage der Ausscheidung zuführen.

7. Schleimstoffe – Schutz & guten Rutsch! Gerade wer schon mit bestehenden Problemen mit den Schleimhäuten zu kämpfen hat, sollte mehr Schleimstoffe zu sich nehmen. Diese kleiden die Schleimhäute des Verdauungstraktes aus und schützen sie. Zudem wirken sie wie eine Art Schmiermittel, die Darmpassage verläuft geschmeidiger. Die

▲ Malvenblüten: ideal als „essbare Darmpflege" auf Salat oder Gemüse

Pflanzenfamilie der Malvengewächse versorgt uns wunderbar mit diesen wertvollen Vitalstoffen. Lindenblätter sowie das Blattgrün und die Blüten der Malven-Arten enthalten reichlich davon. Ebenso die in mediterranen und orientalischen Gefilden beliebten Okraschoten, ein Gemüse, das ebenfalls zu dieser Pflanzenfamilie gehört.

8. Hilfreich: Gerb- und Bitterstoffe! Zugegeben, an diese Stoffgruppen muss man sich erst einmal herantasten. Dies gilt vor allem für Zeitgenossen, die bisher viel Zucker und Weißmehlprodukte gegessen haben. Zahlreiche Wildkräuter enthalten reichlich dieser Stoffe: zum Beispiel Korbblütler wie Löwenzahn, Beifuß und echter Wermut enthalten viele Bitterstoffe, die Gundelrebe, eine Lippenblütlerin, auch reichlich Gerbstoffe. Damit kann man ungesunde Darmbewohner wie Fäulnisbakterien vertreiben; Bitterstoffe regen zusätzlich die Tätigkeit der Entgiftungsorgane Galle, Bauchspeicheldrüse und Leber an. Wer noch nie Wildes gegessen hat, sollte jedoch anfangs nur wenige Blätter täglich zu sich nehmen und die Dosis langsam steigern. Gönne deinem Verdauungssystem etwas Zeit, um sich an diese starken Wildpflanzen zu gewöhnen.

9. Fermentation: mit den Keimen arbeiten und gesund genießen! Ein sehr gutes Beispiel für die erfolgreiche Partnerschaft mit Keimen ist die Fermentation. Alle Methoden der Haltbarmachung setzen auf den Kampf gegen die Keime, sei es durch Erhitzen, Frost, Entzug von Sauerstoff (Vakuumieren, Einlegen in Öl), ein sehr salziges, sehr saures oder alkoholisches Milieu oder den Entzug von Wasser (Dörren). Einzig die verschiedenen Methoden der Fermentation laden dazu ein, mit den Keimen zu kooperieren. Das Schöne daran: Dabei entstehen wertvolle Vitalstoffe wie Vitamin C und jede Menge der Bakterien, die für unser Mikrobiom zuträglich sind. Aus dem Grund werden diese Methoden in letzter Zeit auch wiederentdeckt. Die Vielfalt an fermentierten Lebensmitteln und Getränken ist riesig – eingelegte Gemüse aller Art (nicht nur das traditionelle Sauerkraut), asiatisches Kimchi, Limonaden, Kombucha und Kefir … (siehe dazu unsere Link- und Buchtipps).

10. Bewusst essen = langsamer essen, gründlich kauen! Unsere allgemeine Anspannung und Hektik zeigt sich auch in unserem Essverhalten: Es wird oft eher geschlungen statt genüsslich gekaut. Da eine gute Verdauung bereits im Mund beginnt, gerät hier schon von Anfang an alles auf die schiefe Bahn. Zum einen erleichtert es die Arbeit an allen nachfolgenden Stationen der Verdauung, wenn die Nahrung gründlich gekaut und damit zerkleinert wurde, zum anderen wird schon im Mund über das Enzym Amylase die Verdauung der Stärke eingeleitet. Empfohlen wird, jeden Bissen circa 35 Mal (je nach Konsistenz) bewusst zu kauen, sodass sich die Speise tatsächlich wie ein Brei anfühlt. Das langsamere Essen lässt sich leichter praktizieren, wenn du vor dem Essen ein Ritual abhältst.

11. Dankbarkeit auch bei Tisch: das Tischgebet – traditionell oder in neuer Form. Früher war es allgemein üblich, vor der Mahlzeit still zu werden und sich für die nährenden Gaben zu bedanken. Heute wird das aus der christlichen Tradition stammende Tischgebet, aber auch moderne Formen dieses Rituals neu entdeckt. Hier ein Formulierungsvorschlag für eine kurze Segnung der Speisen. Halte dazu deine Hände mit den Handflächen nach unten über das Essen und sage: »Ich segne dieses schöne Essen und bedanke mich bei allen Wesen, die dazu beigetragen haben. (Wenn du magst, kannst du an dieser Stelle Pflanzen, Tiere und Menschen, die einen besonderen Beitrag zu dieser Mahlzeit geleistet haben, auch direkt nennen.) Möge dieses Essen für uns/mich eine gesunde Nahrung sein, uns/mich stärken und erfreuen. So soll es sein.«

Wie du siehst, sind die Alltagstipps sehr einfach umzusetzen. Im Grunde genommen geht es nur um eines: Raus aus der Angst und rein ins Leben! Werde dir bewusst, welche Rolle du im Spiel des Lebens hier auf der Erde einnimmst, und tritt wieder ein in die Verbundenheit mit allen Lebewesen und damit auch in die Kooperation mit den Keimen!

Rhythmus und Zyklus

Fremdbestimmte Zeit – eigene Zeit

Hand aufs Herz: Wann hast du das letzte Mal an einem Wochentag ausgeschlafen? Wie oft musst du dir den Wecker stellen? Die Fragen haben weniger mit deiner Schlafqualität zu tun – Schlafstörungen sind allerdings mittlerweile eine Volkskrankheit –, sondern mehr mit deinem selbstbestimmten Rhythmus in deinem Leben. In der gelebten Realität herrscht die fremdbestimmte Taktung von Terminen und Aufgaben. Es fängt beim Busfahrplan, bei Online-Meetings, bei Essenszeiten (Hast du wirklich Hunger?) oder bei Verabredungen an. Es geht selbstverständlich weiter über Dienste, Schichtarbeit und Rundum-Notdienst – es ist lebensnotwenig und erhält auch viel Beachtung und Respekt.

Das pünktliche Erscheinen ist eine gegenseitige Verpflichtung, sonst gerät schnell mal etwas aus dem Takt. Andererseits geraten wir auch bei einem Zuviel davon aus unserem Rhythmus und können dadurch körperliche Symptome entwickeln, wie oben genannte Schlafstörungen. Das Beachtenswerte ist jedoch, dass diese Lebensweise selten oder nie hinterfragt wird: Welcher Arbeitgeber sieht es gerne, wenn ein Mitarbeiter sich mehr als eine Stunde Pause gönnt und ein Mittagsschläfchen macht? Selbst das sogenannte »Powernapping«, ein kurzes, aber energiereiches Nickerchen, würde wohl mit hochgezogener Augenbraue betrachtet werden. Zum Glück gibt es ja noch Urlaubs- und Feiertage, die wir sehnlichst erwarten – um dann krank zu werden.

Der wissenschaftliche Zweig der Chronobiologie, der die Wach- und Schlafzyklen analysiert und damit die zeitgenaue Gabe von Medikamenten oder andere Therapiemöglichkeiten untersucht, steckt noch in den Kinderschuhen, was eine flächendeckende Anwendung betrifft. Die Traditionelle Chinesische Medizin dagegen verfügt über ein jahrtausendealtes Denkmodell, das die Tätigkeit unserer Organe im Rhythmus eines 24-Stunden-Tages beschreibt: die Organuhr.[44] Das ermöglicht, mit der Kraft des richtigen Zeitpunkts ein Organ zu stärken und Gesundheit wiederherzustellen.

Im eigenen Rhythmus leben Verbringe regelmäßig einen Tag ohne Uhr und eine Nacht ohne Wecker. Beobachte dich: Bist du damit nervös, unsicher? Kommst du zur Ruhe und ins Vertrauen zu deiner inneren Uhr?

▲ Frische Löwenzahnblätter schenken ab März Salaten, Säften und Smoothies eine leicht bittere und gesunde Note.

► Die sonnig-gelben Blütenköpfe sind nicht nur erfreulich anzusehen, sondern auch essbar und vielseitig zu verwenden.

► Von der Blüte zur Pusteblume – und der Wind verweht und verbreitet die Samen …

Einen Alltag nach eigenem Zeitgefühl zu führen, ist zugegeben Luxus. Diese Lebensweise kann jedoch ein entspanntes und gleichzeitig produktives und kreatives Leben ermöglichen. Hier könnte sich Lebenskraft in einer ganz neuen Qualität entfalten. Der Mensch wird wieder mehr Teil seiner Natur und damit automatisch Teil der Natur, die in ihren eigenen Zyklen verläuft und sich selten aus der Ruhe bringen lässt. Das Wesen der Natur ist zyklisch und niemals linear. Darin steckt das Geheimnis des Lebens. Klingt einfach und ist es auch, wenn sich dieser Gedanke auch in der Ökonomie etablieren könnte.

SICH WIEDER EINSCHWINGEN IN DEN RHYTHMUS DER NATUR

Um das zu verstehen, genügt der Blick nach draußen: Wir sehen die aktuelle Jahreszeit am Erscheinungsbild der Pflanzen wie auch am Sonnenstand. Diese natürlichen Kreisläufe sind den meisten Menschen zwar bewusst, doch die eigenen Entwicklungsmöglichkeiten durch das Miterleben des Werdens und Vergehens der Pflanzenwelt haben viele nicht unbedingt auf dem Schirm. Mit dem Sammeln von essbaren Wildpflanzen sind wir in diese natürlichen Vorgänge wie selbstverständlich eingebunden. Mit jedem Spaziergang schärft sich der Blick auf das Wachstum und die »Verfügbarkeit« einer Pflanze. Diese kann schon nach zwei Wochen ganz anders aussehen oder ist womöglich nicht mehr genießbar. Vieles, was wild und essbar in der Natur ist, wandelt sein Erscheinungsbild und damit die Zubereitungsart, selbstverständlich auch den Geschmack. So ist beispielsweise beim Löwenzahn alles essbar: von der Wurzel bis zur Blüte, einfach alles! Erst beim Verblühen und Verteilen des Samens beginnt der erste Rückzug, um im Frühherbst oft noch ein weiteres Mal zu erblühen. Den Winter überdauert die Pflanze als grundständige Rosette. Gerade beim bekannten und oft verkannten Löwenzahn ist es besonders schön zu sehen: Die Pflanze stirbt nicht ganz ab – sie überwintert und wartet geduldig auf den nächsten Frühling. Dazu kommt noch ein Aspekt: Mit dem Rückzug oder gar Absterben einer Pflanze wird uns natürlich auch das eigene Sterben bewusst. Darauf gehen wir jedoch später nochmals ein (siehe Seite 110 ff.). Die Natur im Zeitraffer[45] schärft das Bewusstsein für diese Prozesse, als ob sie zu einer lautlosen Musik tanzt und sanft an diesen langsamen, aber stetigen Werdegang erinnert.

Starte jetzt in dein Löwenzahnjahr

Suche dir Wuchsstandorte und beobachte die Pflanze, wie sie sich verändert. Mache Fotos, sammle nach dem wilden Sammelkalender[46] die jungen und die älteren Blätter, die Knospe, die Blüte, vielleicht sogar die Wurzel und bereite damit köstliche Mahlzeiten[47] wie Smoothie, Pesto, Gemüsegerichte, Salate. Mache auch Notizen, wie unterschiedlich der Löwenzahn im Jahresverlauf schmecken kann – von wenig bitter zu sehr bitter beispielsweise.

Der phänologische Kalender

Das zyklische Leben kann noch verfeinert werden, wenn du über den Tellerrand der vier Jahreszeiten hinausblickst und das Augenmerk auf den sogenannten »Phänologischen Kalender«[48] lenkst. Die Phänomene der Natur geben differenziert Auskunft und damit eine Einteilung in zehn Jahreszeiten. Diese sind gerade für den wilden Sammler und Selbstversorger von Bedeutung. Die naturgegebenen Lebensabschnitte der Pflanzen können anhand ihres Sichtbarwerdens im Jahresverlauf erkannt werden.

Die 10 Jahreszeiten der Natur

Vorfrühling: Beginn mit Blüte von Hasel und Kornelkirsche
Jetzt sammeln: Bärlauch, Scharbockskraut, Huflattich, Wilder Schnittlauch, Lindenknospen, Birkenwasser

Erstfrühling: Beginn mit Blüte von Spitzahorn und Schlehe; Laubentfaltung von Birke und Buche
Jetzt sammeln: Das junge, wilde Triumvirat Brennnessel, Giersch, Löwenzahn; Knoblauchsrauke, Blüten des Spitzahorn

Vollfrühling: Blüte von Obstbäumen; Laubentfaltung von Eiche und Linde
Jetzt sammeln: Fichtenspitzen, Löwenzahnblüten, Roter Wiesenklee, Lindenblätter, Taubnesseln, Wegeriche

Frühsommer: Blüte von Holunder und Wildrosen, Blütehöhepunkt der Wiesen und Getreidefelder (am Ende des Frühsommers erste Heumahd)
Jetzt sammeln: Kletten- und Wiesen-Labkraut, Schafgarbe, Wiesen-Bärenklau, Wiesensalbei, Holunderblüten

Hochsommer: Start mit der Lindenblüte

Jetzt sammeln: Johanniskraut, Franzosenkraut, Gänsedistel, Labkraut, Mädesüß, Malve, Melde, Nachtkerze, Steinklee, Felsenbirne, Himbeere, Johannisbeere, Dost

Spätsommer: Reife früher Obstsorten und Färbung der Eberesche; Getreideernte und zweite Heumahd

Jetzt sammeln: Brombeere, Heidelbeere, Kohldistel, Kirschpflaume

Frühherbst: Reife von Holunder; Höhepunkt der Obsternte

Jetzt sammeln: Aronia, Holunderbeeren, Kornelkirsche, Eberesche

Vollherbst: Kartoffelernte und allgemeine Laubverfärbung

Jetzt sammeln: Hagebutte, Mahonie, Weißdorn, Sanddorn

Spätherbst: Zeit des allgemeinen Laubfalls und Abschluss der Vegetationszeit

Jetzt sammeln: Mispel, Schlehe und alle Wintergrünen

Winter: Periode zwischen Ende der Vegetationszeit und Haselblüte

Jetzt sammeln: Alle Wintergrünen wie z. B. Behaartes Schaumkraut, Nelkenwurz und Knoblauchsrauke

Du hast die Monate vermisst? Stimmt, denn dieser Kalender braucht sie nicht: Schau nicht aufs Papier, sondern nach draußen! Beobachte und nimm dann das Erlebte in dich auf.

Notiere in deinem Tageskalender, wenn dir auf einer gewohnten Strecke eine neue Pflanze, Blüte oder Frucht begegnet, die du vorher noch nicht wahrgenommen hast. Versuche herauszufinden, ob sie zu den essbaren Wildpflanzen gehört.

DAS ANGEBOT DER NATUR

Bescheid zu wissen über Wachstumsperioden und den richtigen Zeitpunkt, schärft den Blick auf eine Natur, die nicht immer pünktlich und zuverlässig ist. Zu wenig Sonne, lange Regenphasen, plötzlicher Nachtfrost während der Blütezeit, zu viel Sonne oder zu wenig Regen: In der freien Natur ist eben eine Wildpflanze eine Wildpflanze und wird nicht gegossen, behütet oder geschützt. Mit Hilfe des phänologischen Kalenders dagegen geben die genannten Zeigerpflanzen wie auch die essbaren Wildpflanzen wertvolle Hinweise. Dafür braucht es allerdings regelmäßige Spaziergänge im Wald und auf der Wiese – auch im Winter. Das ist reines Erfahrungswissen in der freien Wildbahn, das man nicht über Nacht erlernen kann. Es erschließt sich im Gehen und Schauen und fängt nach einem Jahr wieder von vorne an. Doch keine Sorge vor Langeweile: Schon im nächsten Zyklus kommt der erweiternde Blick auf ganz neue Pflanzen – das ist unsere Erfahrung seit vielen Jahren!

Der regelmäßige Sammelspaziergang darf so selbstverständlich werden wie der Einkauf auf dem Wochenmarkt oder im Supermarkt. Es stellt sich hier allerdings die Frage, wie lebendig die Lebensmittel aus dem Geschäft sind und ob sie diesen Namen verdienen. Dort erleben wir ebenso Angebotszyklen, allerdings stark zeitversetzt. Präsentierte Warenangebote weisen rechtzeitig auf bevorstehende Fest- und Feiertage hin. Da kann es noch schneien, stehen die Schoko-Osterhasen schon im Regal; da wird noch die letzte Grillparty im Garten organisiert, und die roten Weihnachtsmänner sind bereits unübersehbar.

Beim Obst- und Gemüseangebot braucht es dann doch einen genauen Blick, denn dort sind die Übergänge in eine neue Jahreszeit nicht so augenscheinlich. Besonders in klassischen Supermärkten scheint das Ernteparadies ganzjährig zu existieren, und auch in der Biobranche will man die Verbraucher nicht enttäuschen. Hier kommt ein Großteil der Ware aus Gewächshäusern und wird über weite Strecken transportiert. Ein Mangel in der Qualität zeigt sich beispielsweise bei zu früh geernteten Beeren oder Früchten.

Beschäftigt man sich mit essbaren Wildpflanzen, ändert sich dieser Blick entschieden: Das Warenangebot ist, wie es ist. Nach ein paar Wochen intensiver Natur- und Sammelspaziergängen lernt das wilde Gehirn quasi neu. Die Weiterverarbeitung in der Küche und vor allem das Genießen von wildem Pesto, Spinat oder Smoothies verändern nicht nur den gedeckten Tisch, sondern auch das ganze Leben!

▲ Bärlauch gehört zu den ersten grünen Pflanzen, die bereits im Vorfrühling geerntet werden können.

Der Jahreskreis

Doch nochmals zurück zu den Osterhasen und Schokomännern: Sie repräsentieren letztlich religiöse Ereignisse in Schokoladenform. Diese wurden quasi kulturell angeeignet, und sie sind auch in der breiten Öffentlichkeit wie selbstverständlich anerkannt: Fasching, Ostern, Pfingsten, Allerheiligen und Weihnachten ... Kaum jemand kann sich diesen Feierlichkeiten und vor allem Feiertagen entziehen. Solche Eckpunkte im Jahresverlauf sind einerseits wichtig, andererseits meist oberflächlich und rein symbolbehaftet. Im Kontext der Familie sind sie sogar unerlässlich. Ein Weihnachten ohne Geschenke und Kieferngewächse im Wohnzimmer? Unvorstellbar! Oder hast du schon einen Ausbruchsversuch unternommen und bist gescheitert?

Oder hast du dir dein Paralleluniversum aufgebaut, um nochmals auf eine andere Weise tiefer einzutauchen? So geht es ehrlich gesagt uns, denn ganz anders muten die immer bekannter werdenden Jahreskreisfeste an, die in der Überlieferung als acht definierte Tage oder Zeitpunkte im Jahresverlauf von Kelten und Germanen gefeiert wurden.

Heute würde man diese wichtigen Eckpunkte am ehesten unter »Naturspiritualität« einordnen – beide Begriffe sind dabei wörtlich zu nehmen, denn es geht um die Natur und um die Verbindung zu etwas Größerem oder Höherem. Dabei fällt auf: Religiöse oder christliche Bräuche beziehen sich nicht auf die Natur! Doch gerade die Orientierung an den äußeren Geschehnissen in der Natur spiegelt sich im Inneren des Menschen.

Der Grund, warum immer mehr Menschen diese Jahreskreisfeste erleben möchten und das in diesen durchaus wilden Zeiten zum Trend geworden ist, liegt nahe: Sie haben mit unserem ureigenen Menschsein zu tun und schenken Verbundenheit mit der Natur. Dadurch wird nicht nur eine natürliche Sehnsucht gestillt, sondern auch ein Stück einer tiefer liegenden Wahrheit gelebt. Das bewusste Zelebrieren dieser Feste beschreibt zudem die Kräfte der Natur, die gerade wirksam sind. Diese sind natürlich im Sommer anders als im Winter, im Frühling anders als im Herbst.

DIE JAHRESKREISFESTE

Die acht Jahreskreisfeste sind zunächst in zwei Hälften einzuteilen: in die dunkle Hälfte, entsprechend der winterlichen Zeit, und in eine helle Hälfte, der sommerlichen Zeit gemäß. Mit dem Fest Beltane fängt der Sommer an und mit

Samhain der Winter. Auf unser Menschsein übertragen bedeutet es, dass wir hiermit bewusst eine Qualität zwischen Rückzug und Expansion erleben können – oder auch zwischen Stille und Ekstase. Letzteres ist wohl uns allen etwas verloren gegangen, obschon Ekstase eine starke lebensbejahende Kraft in sich trägt – sogar wenn sie aus dem sexuellen Kontext herausgelöst ist.

Unsere Gesellschaft kann gut mit Expansion umgehen und weniger gut mit Rückzug, egal von welcher Ebene aus wir das betrachten. Erfolg und Gewinn sind positiv belegte Werte, wohingegen Rückzug und Leere als negativ gesehen wird. Geht es gar ums Loslassen, wie es im späten Herbst zum Thema wird (die Bäume machen es vor), dann werden Aspekte von Sterben und Trauer an den Rand geschoben beziehungsweise gerne verdrängt. Dabei braucht es den Blick darauf!

Ein Gedanke kommt auf: Vielleicht könnten wir Menschen besser mit Lebenskrisen wie Krankheit oder Verlust umgehen, wenn wir mehr Erfahrung und Übung im Loslassen hätten, das Annehmen lernen würden?

Die acht Jahreskreisfeste sind gemäß den Himmelsrichtungen in vier Sonnenfeste (diese sind astronomisch nachzuvollziehen und konkret in Datum und Uhrzeit zu benennen) und dazwischenliegend in vier Mondfeste aufgeteilt. Da es hier um eine kreisrunde Darstellung geht, kann in der Betrachtung der Anfang die aktuelle Jahreszeit sein oder auch der Zeitpunkt der größten Dunkelheit, bei der das Licht dann wiederkehrt.

▲ Der Klang indianischer Flöten kann Menschen tief berühren und damit fester Bestandteil von Jahreskreisfesten sein.

Die 8 Jahreskreisfeste

Wintersonnenwende am 21. Dezember

Die Wiederkehr des Lichts

Mit der Möglichkeit, den tiefsten Punkt der Dunkelheit bewusst zu erleben, kann das neue Licht empfangen werden. Dieser Zeitpunkt schenkt die Zuversicht, dass nach schweren Zeiten auch wieder das Leichte im Leben einziehen darf.

Brigid am 1. oder 2. Februar

Die Zeit für Visionen

Zu einer Zeit, in der die Natur zum Licht drängt, beginnen auch die Aufbruchswünsche im Menschen zu wachsen. Es ist die Zeit der Visionssuche und der Vorstellung »im Geiste«, ohne konkret zur Tat zu schreiten. Dazu braucht es auch den Mut zur Klarheit.

Frühlingstagundnachtgleiche am 23. März

Die erwachende Erde

Nun beginnt die Natur zu erwachen. Mit einer erstaunlichen Durchbruchskraft zeigen sich Knospen und die ersten Frühlingspflanzen. Diese Wachstumsenergie kann für neue Projekte genutzt werden.

Beltane in der Nacht zum 1. Mai

Die sinnliche Wohlfühlzeit

Mit der verschwenderischen und wohlriechenden Schönheit in der Natur kann die eigene Leidenschaft und Lebensfreude geweckt werden. Der Blütenrausch und die Düfte sind wie ein Balsam für Körper und Seele. Jetzt darf alles mit allen Sinnen genussvoll gefeiert werden, auch der wilde Anteil in uns.

Sommersonnenwende am 21. Juni

Die höchste Ausdehnung

Das Tageslicht erfährt hier seine größte Ausdehnung, um danach langsam, aber stetig weniger zu werden. Es ist wie ein Umkehrpunkt. Jetzt ist die Zeit, wirklich alles zu nähren; nicht nur seine »äußeren« Kinder, sondern auch das sensible »innere Kind«. Alles darf zur vollkommenen Entfaltung kommen. Die Ausrichtung zwischen Himmel und Erde kann zu diesem Zeitpunkt besonders gut erlebt werden.

Lammas zur Kräuterweihe Anfang August

Die Chance für klare Grenzen

Wer die volle Kraft ernten und bewahren will, muss pünktlich einen sauberen Schnitt setzen – das gilt auch für eigene Projekte oder Entscheidungen. Ein Nein ist ein Nein. Jetzt kann der Medizinbeutel gefüllt und ein heilsames Refugium geschaffen werden.

Herbsttagundnachtgleiche am 21. September

Der leise Abschied vom Sommer

Ein Danke für die Geschenke von Mutter Erde schafft einen energetischen Ausgleich. Nun findet sich wieder mehr der eigene Rhythmus ein und ordnet das Leben neu.

Samhain in der Nacht zum 1. November

Die Wurzelzeit

Der Rückzug in der Natur erinnert daran, nun ebenfalls zum Abschluss zu kommen und das Erlebte zu transformieren. Sich zurückzuziehen birgt die Möglichkeit, in die wahre Stille zu kommen und echte Gefühle zuzulassen.

Der Jahreskreis kann auch wie ein Lebenskreis gesehen werden: Mit der Geburt des Lichts zur Wintersonnenwende erblicken wir als Mensch das Licht der Welt. Wenn wir das Leben nun in 7-Jahres-Schritte einteilen, folgt der Logik nach die Kindheit bis zur Einschulung, die Pubertät, die sexuelle Reife zur Frau/zum Mann, die Mutter- und Vaterschaft, das reifere Erwachsensein, das Einfahren der Lebensernte und schließlich die Altersweisheit und das Sterben, bevor wieder ein neuer Zyklus beginnt. Jedes Leben hat Höhepunkte, Tiefpunkte und manchmal auch zum Luftholen Balancepunkte. Diese Schwankungen sorgen für Veränderung und Lebendigkeit. Nur Maschinen sind linear oder binär: Alles Leben ist zyklisch!

Somit kannst du dich nun auf verschiedene Weise dem Jahresrad nähern. Du kannst schauen, an welchem Lebenspunkt du gerade selbst stehst, und du kannst die Energie der Jahreszeit für dich sinnvoll nutzen. Manchmal ist ein Rückzug die passende Strategie, manchmal braucht es Expansion, und manchmal tut ein harmonisierender Ausgleich gut.

DAS LEBEN FEIERN: FESTE UND RITUALE

Die Gestaltung dieser markanten Ereignisse ist Stoff für ein eigenes Buch.[49] Inspirationen hierzu findest du in der Literaturliste. Doch auch aus dir heraus werden, wenn du dich auf die

Energie der Ereignisse einlässt, Ideen kommen, was nun jeweils gefeiert und gewürdigt werden kann. Es kommt hier auch nicht auf Perfektion an, sondern auf die Absicht, die dahintersteht. Es geht dabei um bewusst erlebte Gesten, die, seien sie auch noch so klein, ihre Wirkung entfalten können. Die gewählten Rituale,[50] wie gesprochene Worte, Lieder, Schutzgebete, Segnungen, Räucherungen, sind dabei eine heilige Handlung (und damit auch heilsam bis heilend; der Wortstamm ist derselbe!). Im Öffnen des energetischen Raumes werden die Energien gebündelt und bislang Verborgenes wird bewusst. Ein Stück weit tritt sozusagen das Ego zur Seite, und es können sich neue Räume und Erkenntnisse öffnen.

Auch wenn die oben genannten Feierlichkeiten durchaus Ähnlichkeit zu den kirchlichen Gebräuchen und auch Ritualen aufweisen, gilt es diesen Gesichtspunkt genauer zu betrachten: Die Kirche (als Institution) hat sich die Qualität in ihren Grundzügen zwar zunutze gemacht, diese jedoch »umformuliert«, indem vor allem Heilige den Platz als übergeordnete Energie eingenommen haben.

Ein bekanntes Beispiel ist das Johannisfeuer. Es wurde von der Kirche, der die heidnischen Feiern zur Sonnenwende ein Dorn im Auge waren, mit dem 24. Juni, dem Geburtstag Johannes' des Täufers, verknüpft und so übernommen. Die Sommersonnenwende findet jedoch, astronomisch betrachtet, zwischen dem 20. und 22. Juni statt und ist ein Ereignis im Universum und in der Natur.

Beispielsweise blüht zu diesem Zeitpunkt das Johanniskraut leuchtend gelb und schenkt als Heilmittel im Winter Lichtvolles für melancholische Momente.

Dazu kommt noch ein weiterer, ziemlich entscheidender Aspekt, denn mit den klassischen Kirchenfeiertagen wird die weibliche Kraft unmerklich umgeleitet und damit der Stellenwert der Weiblichkeit unterdrückt. Doch es ist wichtig, genau hinzuspüren: Die Energie ist trotzdem vorhanden, denn es gibt nun mal das Weibliche und das Männliche in der Natur. Die weibliche Kraft wird jedoch in allen uns bekannten kirchlichen Festpunkten geschwächt oder reduziert.

Ohne noch tiefer darauf einzugehen: Dieses zu erkennen, bietet jetzt die Chance, mit dem bewussten Zelebrieren des Jahresrades das Männliche und das Weibliche harmonisierend in das eigene Leben zu integrieren.

Dein persönliches Jahreskreisfest

Feiere zum nächstmöglichen Zeitpunkt dein eigenes Jahreskreisfest. Auch wenn du nur einen Platz in deiner Wohnung entsprechend gestaltest oder du dir mehrere Stunden Zeit nimmst für dein eigenes Ritual: Gehe mit dieser Energie in die darauffolgenden Wochen und spüre nach, welche Veränderungen in dir und womöglich auch im Außen stattfinden.

Auf der Suche nach der weiblichen Kraft in der Natur

In einer Zeit des überall präsenten Begriffs »Gender«, was nicht einfach nur mit »Geschlecht« übersetzt werden kann, sondern auch die jeweilige soziale Dimension ausdrückt, wird es Frauen und Männern mit dieser aktuellen Diskussion nicht gerade leicht gemacht.

Jenseits von Rollenverständnis, Erziehung, Genetik und Epigenetik[51] öffnen sich für alle Menschen erst dann die Türen für ein grundlegendes Verständnis ihres Wesens, wenn sie sich ihrer jeweiligen natürlichen Stärke bewusst werden. Das mutet erst einmal archaisch an, führt aber deswegen nicht sofort in die Steinzeit, sondern bleibt ganz beim Offensichtlichen: Das Weibliche ist zyklisch, das Männliche eher linear ausgerichtet. Das ist auch im 21. Jahrhundert nicht anders.[52]

DER WEIBLICHE ZYKLUS

Geändert hat sich allerdings der Umgang mit dem Menstruationszyklus der Frau. Galt die Menstruation in früheren Zeiten als wundersamer körperlicher Vorgang, den Frauen in einem »heiligen Raum« verbrachten, so wird sie heute eher als ein lästiges wiederkehrendes Ereignis gesehen. Sie erhält weder in der Gesellschaft noch im Geschäftsleben und bedauerlicherweise auch nicht einmal bei den Frauen selbst den eigenen, würdevollen Platz im täglichen Leben. Dabei kann das Wissen darüber, wie Zyklushormone wirken, welchen Einfluss sie haben, schon zu einer tiefgreifenden Veränderung führen. Die Schwankungen im Hormonzyklus können nämlich strategisch genutzt werden! So darf eine Frau in dieser eigenen Körper-Beziehung völlig schambefreit an bestimmten »Tagen« forscher oder zurückgezogener sein. Weil sie eben Frau ist. Denn es ist eine Lebenskraft!

Interessant ist dabei, dass die vier Phasen im Menstruationszyklus ebenso in vier Jahreszeiten einzuteilen ist: Die Menstruation (Blutung) wird dem Winter, die Prä-Ovulation (Follikelphase) dem Frühling, die Ovulation (Eisprung) dem Sommer sowie die Prämenstruation (Lutealphase) dem Herbst zugeordnet.[53] Ungefähr alle 7 Tage findet ein hormoneller Wechsel statt, der am Ende klassisch einem 28-Tages-Zyklus entspricht. (Das ist eine Norm; in der Wissenschaft sind die Abweichungen wohlbe-

▲ Die Wunder der Natur lassen sich auch in einer Sonnenblume entdecken.

kannt.) Entsprechend den Hormonen, die zum Zuge kommen, können diese ganz gezielt für Projekte und Entscheidungen im Leben einer Frau genutzt werden. Das zeigen auch Sabeth Ohl und Eva Dignös in ihrem Buch *Die Zyklusstrategie*[54], das sie nach neuesten Erkenntnissen der Wissenschaft und vielen Interviews mit Frauen verfasst haben. So ergibt sich eine völlig neue Sichtweise auf einen natürlichen Rhythmus, der eben Schwankungen unterworfen ist, aber keinesfalls als krank oder falsch angesehen werden sollte! Wie so oft, ist es immer eine Frage der Wertung – oder der bewussten Entscheidung, als Frau mutig voranzugehen und dieses Wissen für sich zu nutzen.

Führe ein Zyklus-Tagebuch über deine Gefühle und Erfahrungen im Außen – wie persönliche Flow-Erlebnisse, Erfolge oder auch Niederlagen (ohne Bewertung!). Für Frauen in und nach der Menopause: Beobachte dich, worin deine Zyklen jetzt liegen.

DER ZYKLUS VON MUTTER ERDE

Der neue Fokus auf das natürlich Weibliche wird sich auch auf »Mutter Erde« auswirken. Diese umgangssprachliche und gleichermaßen poetische Bezeichnung ist angebracht, denn es ist in der Natur der mütterliche Aspekt, der nährt, und es ist immer noch der Erdboden, der die Nahrung hervorbringt. In der Erde sind die Wurzeln verankert. In der Erde leben hoffentlich wertvolle Mikroorganismen. Auf gesundem Ackerboden wachsen gesunde Pflanzen. Im Waldboden und auf der Wiese gesunde Wildpflanzen. Muttererde erinnert an Fruchtbarkeit, Geborgenheit, Verankerung, Halt, Nahrung. Erde ist wie eine Gebärmutter, die dem werdenden Kind einen Schutzraum bietet und bedingungslos Liebe schenkt. Ohne Mutter Erde sind wir verloren! Der Begriff vermag weit mehr als Fruchtbarkeit oder Wachstum auszudrücken. In der Gegenüberstellung zu »Vater Himmel« zeigt sich die Polarität von weiblichem und männlichem Prinzip. Und was verbindet Erde und Himmel? Bäume!

Auch Bäume unterliegen Zyklen. An den Jahresringen des Baumstamms wird sichtbar, wie gut oder wie schlecht, wie wachstumsfreudig oder stressig ein Jahr war. Bei den heimischen Baumarten spricht man von »Mastjahren«,[55] in denen besonders viele Früchte am Boden liegen (was vor allem im Wald gut zu beobachten ist). Außer den Pionierbäumen,[56] wie Birke oder Weide, unterliegen fast alle Baumarten einem solchen Zyklus. Allerdings kann dieser durch trockene Sommer oder Spätfröste durchaus unterbrochen werden. In jedem Fall machen Bäume auch mal Pause!

Die Wunder der Natur sind im Großen und Ganzen wie auch im kleinsten Detail zu erkennen. Schaut man das Innere einer Schnecke oder eine Sonnenblumenblüte an, ist der sogenannte »Goldene Schnitt« erkennbar. Diese Proportionen sind die rhythmische Sprache eines »großen Geistes« – anders kann man es wohl nicht ausdrücken. Sie tauchen in allen lebendigen Strukturen auf und weihen uns gewissermaßen in ein Mysterium ein. Der harmonische Aufbau kann in der Kunst, der Architektur, in der Bildgestaltung usw. verwendet werden. Auch wenn die Natur kleinste Abweichungen von einer Norm duldet oder diese sogar gewollt sind, streben wir doch alle zur Harmonie. Jede Krise zeigt den Höhepunkt einer Fehlentwicklung auf. Wir spüren es in jeder Körperzelle, was damit gemeint ist. So höre ich an manchen das tiefe Seufzen von Mutter Erde, die eben auch ihren eigenen Zyklus hat. Wie kraftvoll oder sanftmütig ihr Einatmen und Ausatmen ist oder in Zukunft sein wird, das steht nicht unbedingt »in den Sternen«. Die Antwort ist unseren Herzen zu finden – und in unseren Taten für Mutter Erde!

Das Auge schaut mit

Mit allen Sinnen

Wie wohltuend und nährend der Aufenthalt in der Natur sein kann, ist ein echter Erfahrungswert, den du nicht nur in dir trägst, sondern der dich auch durch dein Leben und den Alltag hindurch trägt – sei es bewusst oder unbewusst. Selbst wenn dabei unterschiedliche Naturlandschaften bevorzugt werden wie Wald, Wiese, Park, Hoch- oder Mittelgebirge, Flachland, Seen- oder Flusslandschaften, ein Garten oder ein Ewilpa®: Nach einem Aufenthalt in der Natur fühlst du dich gleich besser! Eine Studienveröffentlichung vom Januar 2023 aus Finnland[57] bestätigte die Wirkung von Naturaufenthalten auf die Gesundheit der Stadtbewohner. 6000 Probanden, die 3- bis 4-mal pro Woche städtische Grünflächen besuchten oder sich direkt in der Natur aufhielten, konnten die Dosis ihrer Medikamente um durchschnittlich 30 Prozent reduzieren (eine Ausnahme waren übergewichtige Probanden). Die Empfehlung der Studie war: Mehr Grün in der Stadt!

Natur wirkt auf vielen Ebenen – die meisten davon werden jedoch im Alltag nicht bewusst wahrgenommen. Obschon wir alle sehenden Auges durch die Welt spazieren, bleiben die hochkomplexen Vorgänge und die Verarbeitung der Sinneswahrnehmungen im Körperinneren unserem Bewusstsein dennoch verborgen. Es passiert einfach … Ein Naturerlebnis ist dabei immer eines, an dem alle fünf Sinne beteiligt sind:

- Du fühlst die Wärme der Sonne, die Kälte des Windes oder eines Regentropfens auf der Haut.
- Du nimmst Formen und Farben über die Augen auf.
- Du riechst die Erde, das Moos, die Waldluft oder das salzige Meer.
- Du hörst den Wind, das Meeresrauschen, das Plätschern, das Blätterrauschen und Vogelstimmen.
- Du schmeckst die salzige Luft oder eine süße Frucht auf der Zunge.

Die gleichzeitige Bewegung lässt die Sinne mit den Muskeln des Körpers verschmelzen. Die Freude und Glücksgefühle lösen im Gehirn ein Feuerwerk aus – alles in allem also eine ganzheitliche Menschsein-Erfahrung. Der Lebensalltag bietet jedoch nicht immer die Möglichkeit, Natur auf diese Weise zu erleben, zumal Freizeitaktivitäten oftmals einseitig sind: Raus mit dem Hund, mit dem Mountainbike oder mit den Walkingstöcken. Jemand, der langsam, lauschend durch den Wald geht und einen Baum umarmt wird doch eher belächelt als ein keuchender Nordic Walker. Natur als Sinnes- und Gesundungsweg muss im Leben seinen Platz finden! Wenn wir nicht zur Natur gelangen können, dann darf die Natur zu uns nach Hause – oder sogar in Krankenhäuser, in Kindergärten, Schulen oder Unternehmen.

GESUNDE AUSBLICKE

Eine bekannte Studie über die Wirkung von Natur ist die sogenannte »Fensterstudie«, die erstmals 1984 im Magazin *Sience* veröffentlicht worden ist.[58] Sie belegt, dass bei Patienten im Krankenhaus, die einen Blick auf Bäume hatten, die Genesung schneller eintrat als bei Patienten mit Blick auf eine Hausmauer. Die sogenannte »Baumgruppe« erholte sich in der Doppelblindstudie nach dem Goldstandard schneller als die »Hausmauergruppe«, auch die Wundheilung war besser, ebenso das Risiko von Komplikationen. Was im Grunde logisch erscheint, hat wissenschaftliche Bestätigung gefunden, allerdings noch keinen flächendeckenden Einzug in der Architektur von Kliniken oder in eine lebensdienliche Stadtplanung. 30 Jahre später wurde die Studie von einem kanadischen Forscherteam wiederholt und Bevölkerungszahlen und Krankheiten in Relation zu Grünflächen in der Großstadt Toronto in Kanada verglichen. 2015 wurde dieses Studienergebnis in der Zeitschrift *Nature* veröffentlicht. Die Stadt verfügte damals über 500 000 Bäume – und das Ergebnis ergab, kurz zusammengefasst, dass ein Stadtbewohner mindestens 10 Bäume in seinem Wohnblock benötigt, um gesund zu bleiben.[59] Hier spielen natürlich die schon im 5. Kapitel (siehe Seite 50) erwähnten Terpene eine Rolle, sicher aber auch der Blick in und auf das Pflanzengrün. Ja, Bäume stärken unser Immunsystem. Wenn wir in die Natur schauen, dann gibt (zwischen April und Oktober) eine Farbe den Ton an: Grün! Diese Grünkraft soll nicht nur in unseren Smoothie oder in den Salat – sie darf auch in die Wohnung, vors Haus oder um das Wohnviertel herum eta-

Grüne Augenblicke

Übung für zwischendurch: Nimm beim nächsten Spaziergang, unabhängig von der Jahreszeit, bewusst die Farbe Grün wahr. Lenke die Aufmerksamkeit auf alles, was grün ist. Vielleicht gibt es eine Bank und du kannst in aller Ruhe deinen Blick auf das Grün der Bäume oder einer Wiese richten. Erweitere die Übung, indem du in deiner Wohnung für mehr Grünzeug sorgst. Widme diesen Pflanzen immer wieder bewusst mehrere Augen-Blicke.

bliert werden! Das fängt schon mit einem kleinen Blumenstrauß an, mit Pflanzen auf der Fensterbank (bitte nicht nur Basilikum) und geht weiter bis hin zum »gärtnerischen Ungehorsam« (siehe Seite 122).

FREUDE AN WILDEN BLUMEN

Zurück zum Blumenstrauß aus der Natur. Unser Auge ist an eine Auswahl und Ästhetik gewohnt, die zu fast jeder Jahreszeit im Supermarkt oder Blumenladen zu kaufen ist. Unter welch unmenschlichen und unnatürlichen, weil giftigen Bedingungen diese Blumen angebaut werden, soll hier nur eine Randnotiz sein. Dennoch ist es etwas völlig anderes, wenn wir im April Wiesen-Schaumkraut als kleine Dekoration mit nach Hause bringen. Auch ein Zweig eines Salbeistrauches aus dem Garten kann in einer Vase für Schönheit sorgen.

WILDES FENG-SHUI

Nach einigen Spaziergängen mit neuem Blick erwacht der Mut zum Ungewohnten: Ein Wildblumen- oder Wildkräuterstrauß als sommerliches Mitbringsel wird ein Lächeln beim Beschenkten hervorlocken (selbstverständlich nur auf erlaubten Sammelflächen gemäß der Handstraußregel gepflückt!). Die Botschaft der Natur wirkt subtil, aber sie wirkt! Dieses Geschenk kannst du auch dir selbst machen – zusammen mit einem schönen Stein, einem Schneckengehäuse oder einem schön geformten Ast kann das Auge in den eigenen vier Wänden auf Natur pur ruhen und für entspan-

Die Solitär-Übung

Eine wundervolle Übung aus unseren Kursen: Je nach Jahreszeit nimmst du von einer Pflanze einen Zweig oder einen Stiel mit Blatt und Blüte mit nach Hause (selbstverständlich nach einwandfreiem Erkennen). Dort kommt sie in eine Vase und kann so an einem markanten Platz mehrmals am Tag angeschaut und studiert werden: Wie ist die Blattform? Wie viele Blütenblätter gibt es? Ist der Blattrand gezahnt oder gewellt? Diese Schulung wird den Blick auf die Details verändern. Nach 52 Wochen wirst auch du garantiert zum »Botaniker«!

nende Momente sorgen. Im Verlauf eines Jahres wird sich nicht nur dein Blick auf die Natur verändern, sondern auch auf den Wuchszyklus einer Pflanze.

Ungewöhnlich, aber gewollt ist das »Guerillagärtnern«, wie es Christiane Habermalz in ihrem Buch *Anstiftung zum gärtnerischen Ungehorsam*[60] beschreibt. Ziel ihrer »wilden« Gartenarbeit in der Großstadt Berlin war die Erhaltung und Förderung der Artenvielfalt, insbesondere die der Vögel und Kleinstlebewesen. Ihr Motto lautet sinngemäß: Viele kleine Inseln von Grün & Bunt verändern nicht nur die Stadt, sondern auch die Tiere und Menschen! Ihre Selbsterfahrung ist eine lehrreiche und kurzweilige Lektüre, die in jedem Fall zum Nachmachen anregt. Auch das »Urban Gardening« (Städtischer Gartenbau) hat etwas Revolutionäres, weil damit städtische Flächen einer pflanzlichen Nutzung zugeführt werden können. Das Ziel ist dasselbe: mehr Natur, mehr Grün und mehr Lebensqualität für die Menschen. Ein bekanntes Beispiel ist das »Inselgrün« in Stuttgart,[61] das Birgit Haas, ein Mitglied aus dem Team von Markus Strauß, 2012 mit ins Leben gerufen hat. Hier zeigt sich, dass wir es auch selbst in der Hand haben, wie unser Lebensumfeld gestaltet ist und wie auch mit kleinen Schritten Grünes und Gutes bewirkt werden kann.

Samenbomben

Sei mutig: Samenbomben sind mittlerweile an vielen Stellen käuflich erhältlich.[62] Suche dir gleich eine passende Mischung aus und wage den Schritt der wilden Bepflanzung vor deiner Haustüre. Stell dir jetzt schon die Freude vor, wenn du in den nächsten Wochen an diesen Stellen vorbeilaufen wirst! Weitere Garten- und Balkontipps mit essbaren Wildpflanzen findest du im Gartenkapitel, Seite 63 ff.

Lebendige Farben

Das fehlende Grün im Winter zählt neben dem reduzierten Sonnenlicht (siehe dazu Seite 39 ff.) durchaus zu den Faktoren, die lustlos, müde oder sogar depressiv machen können. Kaum rückt der Frühlingsbeginn näher, blühen auch die Menschen innerlich auf. Das sprießende Grün nährt und wärmt das Herz. Jeder kennt das, die Lust aufs Draußensein nimmt zu und jede aufblühende Blatt- oder Blütenknospe ist freudig willkommen. Die Welt scheint dann heller und lichter zu sein. Schon Hildegard von Bingen schrieb: »Grünkraft ist der Zustand der Lebendigkeit.« »Viriditas«, der von ihr dafür geprägte Begriff, ist die Basis für alles Lebendige und sollte in der gesamten Natur, in allen Menschen, Tieren, Pflanzen und Mineralien herrschen (siehe dazu auch Kapitel 1, Seite 10). Die Ernährung mit bevorzugt essbaren Wildpflanzen und somit mit chlorophyllhaltigem Wildgemüse und Kräutern ist eine wahre Grünkraft-Ernährung! Selbstverständlich wirkt auch das Farbenfrohe aus Beeren und Früchten nährend und stärkend (siehe dazu Seite 17 ff.). Allerdings ist die Vorliebe für bunte Früchte in der Gesellschaft (und in der Küche) anteilmäßig deutlich größer als die für das »Grünzeug«. Es braucht beides zur Ausgewogenheit, und es braucht den Blick sowie die Erfahrung am eigenen Körper für die Wirkung einer pflanzenbasierten Ernährungsform. Denn die Farben von Blättern und Beeren, von Gemüse und Früchten wirken gleich mehrfach: innerlich auf der stofflichen Ebene und äußerlich über die Augen (den Sehnerv) im Gehirn – und von dort aus auf die Nerven, das Hormonsystem und schließlich auf die Seele. Die oben zitierte Grünkraft kann auch als Lichtkraft oder als Lichtschwingung bezeichnet werden. Ein anderes Wort für Schwingung ist auch Frequenz und Wellenlänge, als messbare physikalische Größen. Man denke dabei an das Sprichwort »auf einer Wellenlänge sein«.

FARBEN SIND LICHTKRÄFTE

Johann Wolfgang von Goethe (1749–1832) war primär ein Forschergeist, auch wenn seine literarischen Werke bekannter geworden sind. Die Farbenlehre war sein Lieblingsthema und auch sein Lebenswerk. Dabei vertrat Goethe eine andere Betrachtungsweise der Farben und ihrer Wirkung auf den Menschen, als es vor seiner Zeit durch Sir Isaak Newton und seiner Erklärung des Lichtspektrums bekannt war (im Jahr 1666). Erforschung und intensives Erleben der Natur spielten für Goethe eine bedeutende

Rolle. Wer kennt es nicht, das Zitat aus Faust I: »Grau, teurer Freund, ist alle Theorie, und grün des Lebens goldner Baum.«
Der Farbkreis Goethes besagt, dass es drei Primär- oder Grundfarben gibt, aus denen sich alle anderen Farbtöne mischen lassen: Rot, Gelb und Blau. Die sogenannten Komplementärfarben werden aus diesen Mischungen gebildet:
Gelb + Rot = Orange
Gelb + Blau = Grün
Rot + Blau = Violett

Faszinierend ist, dass das menschliche Auge selbst die Komplementärfarben der drei Grundfarben bilden kann.

Mache den Test Schau ungefähr 30 Sekunden lang auf eine rote Farbfläche (mit ungefähr 10–20 cm) und danach sofort auf ein weißes Blatt Papier. Welche Farbe kannst du erkennen? Ganz genau: Dein Auge bildet aus Rot = Grün, aus Gelb = Violett und aus Blau = Orange – und umgekehrt natürlich auch.

Im Farbkreis Goethes stehen sich somit die Komplementärfarben gegenüber. Das Auge ergänzt zur Vervollkommnung. Wie genial war Goethe doch seinerzeit, denn die moderne Wissenschaft mit ihren technischen Möglichkeiten konnte diese Erkenntnisse erst viel später verifizieren. Erst die Untersuchung der menschlichen Netzhaut lieferte dieselben Ergebnisse. Die Grundlage seiner Forschungsarbeit besagt auch, dass Farben durch das Zusammenspiel von Licht und Dunkelheit entstehen und nicht alle Farben im Licht enthalten sind, wie es Newton, vereinfacht gesagt, lehrte. Goethes Version besagt: Der Himmel ist schwarz und wird nur durch das Tageslicht blau – und das Sonnenlicht wird beim Abdunkeln durch die Hand zu Rot.

Was ist kostbarer als Gold?
Das Licht!

Johann Wolfgang von Goethe

Goethe war nicht der einzige Forscher, der die Wirkung der Farben auf den Menschen untersuchte. Bekannte Namen sind Prof. Dr. Max Lüscher[63] (Lüscher-Farbtest) oder Dr. Dinsha Ghadiali[64] (Zwölf-Farben-Chromotherapie), die einen engen Zusammenhang zwischen Farbe und psychischer als auch körperlicher Gesundheit herstellten. Farbtherapeuten[65] bezeichnen Grün als neutrale Farbe, die eine ausgleichende, harmonisierende Wirkung auf den ganzen Körper hat. Da Grün die vorherrschende Farbe in der Natur ist, könnte das also ein weiterer Baustein der Erklärung sein, warum uns Naturaufenthalte so guttun.

FARBEN SIND HEILKRÄFTE

Ein interessanter Nebenaspekt soll hier noch seinen Platz finden: Die Gründerin von Aura Soma®[66], Vicky Wall, war zum Zeitpunkt der Entwicklung ihres Farbheilsystems als Sechzigjährige fast blind. Ihre therapeutischen Pro-

▴ Das Kornelkirschenrot ist mehr als nur spätsommerlicher Genuss.

dukte sollen auf das Körper-Geist-Seele-System wirken – und selbstverständlich damit auch bei Sehbehinderten oder Blinden, die Farben physisch nicht wahrnehmen können. Denn nicht nur »gesehen« wirken Farben, sondern auch auf die Haut aufgetragen. Farbige Öle können so die Energien ihrer Inhaltsstoffe – Pflanzen, Kräuter, Kristalle – entfalten.

Prof. Dr. Axel Buether,[67] Farbexperte und Professor für Didaktik der visuellen Kommunikation, hat 2019 eine Studie an der Klinik für Intensivmedizin am Helios-Universitätsklinikum Wuppertal durchgeführt, die die Wirkung unterschiedlicher Farbgestaltung der Stationszimmer auf die Patienten testete. Dabei fand er heraus, dass die »richtige« Farbe die häufige oder übliche Gabe von Neuroleptika (Mittel bei Depression, Schizophrenie oder Psychosen) um 30 Prozent reduzieren konnte.[68] Doch nicht nur die subjektive Stimmung der Patienten und des Pflegepersonals hatte sich verbessert, auch der Krankenstand des Personals konnte reduziert werden. Sein TED-Vortrag[69] über die gesundheitliche Wirkung von Farben ist wirklich sehenswert!

WELCHE WAHL TRIFFST DU?

Und was bedeuten diese Erkenntnisse nun für dich? Wenn du dich beim nächsten Sammelspaziergang selbst beobachtest, dann wirst du feststellen, welche Rolle Farben und damit einhergehend auch Reifegrad und Zustand der Frucht oder des Blattes bei der Auswahl spielen. Bräunliche oder verschrumpelte Löwenzahnblätter oder eine braune Himbeere werden sicher nicht mit nach Hause genommen. Der Mensch sucht sich rein aus Überlebens-

Deine Lebens-Mittel

Wo ist der nächste Unverpackt-Laden in deiner Nachbarschaft? Lass dich einmal auf einen Besuch dort ein und merke den Unterschied! Wo gibt es die Möglichkeit, eine Biokiste vom Biolandwirt zu bestellen? Wähle dir die »echten« Lebensmittelfarben sorgfältig aus und sorge darin für eine gute Ausgewogenheit.

Der nächste Schritt ist der prüfende Blick auf deine Umgebung: Wie viel Natur umgibt dich? Kannst du die Bäume an deinem Wohnort an einer Hand abzählen? Wie viele Pflanzen sind in deinem Zuhause, und wie viel Natur umgibt dich an deinem Arbeitsplatz?

gründen immer eine lebensdienliche Umgebung aus (wenn er die echte Wahl hat): nämlich einen Garten mit prallem Obst und Gemüse. Die Farben stehen nicht nur für Reife oder Bekömmlichkeit, sondern auch für Biodiversität. Mit essbaren Wildpflanzen nimmst du also nicht nur gesunde Lebensmittel zu dir, sondern auch eine Vielfalt, die wiederum der Natur dient. Eine gewinnbringende Symbiose sozusagen ... Übrigens wird auch im Supermarkt Obst und Gemüse nach Reifegrad und Aussehen gewählt. Allerdings gilt es hier zu bedenken, dass verpackte und industriell hergestellte (konventionelle) Nahrungsmittel als verkaufsfördernde Hilfe künstliche Farbstoffe enthalten.

ECHTES GRÜN IM HAUS

Neben Zimmerpflanzen, die Schadstoffe filtern können – wie Grünlilie, Drachenbaum, Efeu, Bogenhanf oder Fensterblatt–, gibt es mittlerweile die Indoor-Garten-Bewegung[70] mit LED-Gewächshäusern oder Indoor-Gartengefäßen, die teilweise mit Bewässerung oder Licht den ganzjährigen Anbau von Kräutern und Gemüse ermöglichen. Bei den essbaren Wildpflanzen gibt es die sogenannten »Wintergrünen« auf der Sammelliste, die in frostfreien Zeiten auch im Winterhalbjahr eine grüne Sammelernte ermöglichen. Dazu gehören, neben Goldnessel, Wiesen-Labkraut, Schafgarbe, Wegerich, beispielsweise auch die Vogelmiere, die als essbare Wildpflanze, für Stadtbewohner ohne Balkon oder Garten, sogar auf einer Fensterbank gezogen werden kann. So lässt sie sich den Winter hindurch reichlich für Salate, Gemüse,

Pesto oder Smoothies ernten. Das samenfeste Saatgut gibt es in Gärtnereien – oder du bittest den Biobauern deines Vertrauens um einige Pflanzen, die gerne neben Kulturtomaten wachsen. Vogelmiere liebt es warm und feucht und möglichst ohne Konkurrenz von Schatten werfenden Pflanzen. In humusreicher, nährstoffreicher Erde und bei stetiger Versorgung mit Wasser[71] gedeiht sie in üppigen Polstern. Vogelmiere dieser Qualität ist zart und schmackhaft. Für eine Mahlzeit werden am besten Büschel mit einer Schere abgeschnitten. Der frische Geschmack nach Erbse und Mais sorgt für einen Vitalstoffkick. Und das satte Grün der Vogelmiere erfreut das Auge!

Durch Erkenntnisse verschiedener Forscherteams aus der ganzen Welt wurde das Spazierengehen oder das Pflegen eines Schrebergartens zu einem anerkannten Modell oder gar »Medikament« zur Stärkung von Körper, Geist und Seele. Die fürsorgende Natur ist ein Teil des Menschseins, und der Mensch ist ein Teil der Natur (damit ist alles Lebendige vom Mineral bis zum Tier gemeint). Es geht nicht nur um die zutiefst innige Verbindung zwischen Mensch und Natur, es geht auch darum, dass diese Verbindung dir liebevoll aufzeigt, wer du als Mensch bist! Es ist eben viel mehr als »nur« die Fürsorge der Natur für dich. Du erkennst dich selbst! Dich mit allen Sinnen auf den Prozess einzulassen und die wilde Natur nicht nur zu dir in dein physisches Haus zu lassen, sondern auch in dein seelisches Haus, eröffnet neue Augenblicke – so als ob deine Augen nun auch nach innen schauen. Das Außen und das Innen lassen sich eben nicht trennen!

Naturbilder

Die Natur kann auch in Form eines Bildes oder einer Fotografie als Wandschmuck ins Haus geholt werden. Der Anblick eines Waldes, eines Wasserfalls oder einer Blumenwiese kann nicht nur unter Feng-Shui-Gesichtspunkten wirken, sondern eben durch die Farb- und Motivgebung beruhigen und entspannen.

Vielleicht hast du ja noch eine gute Kamera zu Hause? Nimm sie doch beim nächsten Spaziergang mit und suche dir schöne Motive zum Fotografieren. Hast du ein gutes Bild gemacht, dann vergrößere es und hänge es in deiner Wohnung auf. Deine eigene Energie wird auf den Wohnraum wirken!

Auf Herzhöhe mit den Naturkräften

Tanz dich frei!

»Wenn ich tanze, vergesse ich alles, was in meinem Kopf an wirren Gedanken herumfliegt. Stattdessen fliegen meine Hände, Arme, der Kopf, die Beine – manchmal auch der ganze Körper. Ich lasse mich ein auf den Ablauf der verschiedenen Rhythmen einer Wave und überlasse mich ganz dieser Welle, die mich fließend, chaotisch oder still umfängt. Ich bin nur noch Körper und gleichzeitig verbunden mit etwas Größerem, dem ich mich hingebe.«

Seit 13 Jahren tanze ich (die Autorin) Waves nach dem Prinzip der 5 Rhythmen® von Gabrielle Roth. Diese Art sich zu bewegen, kann man auch ekstatisches oder meditatives Tanzen nennen. Auch weitere bekannte Methoden wie Biodanza®, DanseVita® oder Movement Medicine® erlauben es, sich frei und geradewegs »schamlos« zu bewegen. Dabei werden Kräfte frei, die mathematisch nicht zu messen sind. Allerdings hat der sich aufbauende Rhythmus einer Wave durchaus eine Dramaturgie, die von den beruflichen Erfahrungen der Begründerin als Psychologin herrührt. »Schwitze deine Gebete«, ist einer der bekanntesten Slogans der 5 Rhythmen®-Szene. Anstelle von gesprochenen Worten drückt beim freien Tanz der Körper seine Seelengebete aus. »Was sich nicht ausdrückt, drückt sich ein«, ist ein Zitat der Tanztherapeutin Konstanze Fladt.

Doch wie innerlich frei bist du, um äußerlich frei zu tanzen? Bist du unbefangen wie ein Löwenzahn, der sich seinen Weg bahnt und sich nicht um sein Aussehen kümmert? Bist du bereit, den wilden Anteil in dir hervorzubringen? Ist es dir egal, was andere sagen, wenn du dich frei bewegst? Apropos Pflanzen: In Zeitlupenaufnahmen ist zu sehen, dass jede Pflanze beim Wachsen ihren eigenen Tanz ausführt, spiralförmig und nach einer für das menschliche Gehör lautlosen Musik.[72] Das ist Magie und Wunder zugleich! Oder anders ausgedrückt: Alles Göttliche fließt spiralförmig.

NIEMAND KANN NICHT TANZEN

Auch du kannst tanzen (Ausnahmen sind selbstverständlich körperliche Beeinträchtigungen)! Umso trauriger ist, dass selbst beim einfachen Bewegen nach Rhythmus und Musik erst eine Schamgrenze überwunden werden muss. Doch getanzt wurde schon immer. Anders, als wie wir es kulturell geprägt kennengelernt haben. Am ehesten können wir uns vorstellen, wie unsere Vorfahren archaisch mit

▲ Das Lagerfeuer: ein Ort, der Menschen um sich herum versammelt und ihnen Wärme und (Seelen-) Nahrung schenkt.

Trommeln und Gesängen ums Feuer getanzt haben – natürlicherweise eingebunden in jegliche Art von Anlässen (auch Beerdigungen!) und entsprechenden Ritualen oder Körperhaltungen.[73] Nicht selten diente dieses Tanzen der Heilung oder der Friedensstiftung. Ekstatische Freude und Lebendigkeit waren von Natur aus gegeben – oft auch Trance oder tranceartige Zustände als bewusst gewähltes Mittel (mit oder ohne Pflanzensubstanzen).

Das bekannteste Feuer, das die Zeit überlebt hat, ist das Johannisfeuer zur Sommersonnenwende. Innerhalb der katholischen Kirche spielt das Osterfeuer, das den auferstandenen Jesus Christus als Licht der Welt versinnbildlicht, eine wichtige Rolle. Robin Wall Kimmerer beschreibt in ihrem Besteller *Geflochtenes Süßgras*[74] vier Arten des Feuers: das Lagerfeuer zum Kochen und Wärmen; das Brandrodungsfeuer für Neubewirtschaftung; das rituelle oder zeremonielle Feuer sowie das innere Feuer. Diese literarische Einflechtung hat hier ihren Platz, da beim Tanzen eben das innere Feuer geschürt wird.

Das wärmende und tägliche Feuer in der Mitte eines Dorfes oder einer Siedlung gibt es auch in unserer Kultur schon lange nicht mehr – geblieben ist nach der Christianisierung der Baum, wie die Dorflinde[75] oder der Maibaum. Hier wurde im Reigen nach vorgegebener Form und Tracht im Sonnenlauf getanzt.

TANZ UND MUSIK IST DEINE NATUR

Mutprobe 1 Wie wäre es, wenn wir alle wieder mutig in der Natur tanzen? Nicht nur in der Nacht ums Feuer, sondern bei Sonne auf der nächsten Wiese?

Fang doch gleich mal zu Hause damit an! Schalte deine Lieblingsmusik ein und bewege dich so, als ob keiner zuschauen würde. Inzwischen gibt es sogar professionelle Tanzmixe, beispielsweise auf der Plattform Mixcloud, die für diesen Zweck gestreamt werden können.

*»Tanze, als würde niemand zusehen.
Liebe, als wurdest du niemals
verletzt.
Singe, als würde niemand zuhören.
Lebe, als wäre der Himmel
auf Erden.«*

Mark Twain (1835–1910)

▲ Auch der Klang einer Trommel wirkt wohltuend auf Körper, Geist und Seele.

Das hat gut geklappt? Dann trau dich jetzt raus in die Natur. Am besten gleich barfuß, in Kontakt mit der gesunden Schwingung des Erdbodens oder einer Wiese. Moderne Bluetooth-Kopfhörer stören weder Tiere noch Mitmenschen. Musik an, Kopf aus und rein in den Körper.[76] Frische Luft, Sonne und die Terpene von Bäumen beim tiefen Einatmen machen das Erlebnis zu einem ganzheitlichen Vergnügen. Ist die Scham erst einmal überwunden, steht der Freiheit nichts mehr im Wege. Nebenbei können noch Gänseblümchen oder andere essbare Wildpflanzen genascht oder für die Küche zu Hause mitgenommen werden.

Etwas lauter ist eine Trommel, die in der Natur nochmals anders wirkt als in einem geschlossen Raum. Wer einmal im Wald eine Trommel aus der Ferne gehört hat, fühlt sich gleich in eine andere Welt versetzt. Trommeln als Hilfsmittel für einen Trancezustand sind uralte Techniken, wenn nicht sogar Heilmittel. Je nach Schlag pro Minute (ab 90) verändern sich die Gehirnfrequenzen und erzeugen dort einen Alpha- oder Thetazustand.[77] Diese Töne können auch über Kopfhörer im Liegen gehört werden, um so »auf Reisen zu gehen« und die Gedankenflut zu verlangsamen oder sogar zu stoppen. Der plappernde Affe im Gehirn kann manchmal schon lästig sein. Auch Rasseln können dabei helfen, die reale Welt für einen Moment zu verlassen. Die Bilder von Schamanen aus Asien oder Südamerika tauchen hier vor unserem inneren Auge auf, wobei wir ja auch eine eigene Kultur für Rituale besaßen.

Auch wenn uns das heute archaisch vorkommt, so ist das Wissen doch in unseren Zellen gespeichert. Genau diese Besinnung auf so

scheinbar einfache Dinge wie Feuer, Klänge, Rhythmus, Bewegung oder Rituale ist nicht nur ein sinnlicher Moment, sondern der Weg zurück zu den Wurzeln, die für ein lebendiges und gesundes Leben sorgen. Wo immer diese Wurzeln liegen mögen – sie dringen auf eine Weise in unser System ein, um etwas Verborgenes an die Oberfläche zu bringen. Auch eine Pflanze kann nicht ohne Wurzeln existieren. Dieser unsichtbare Teil (besonders der eines Baums mit seinen Verzweigungen und Verbindungen mit anderen Bäumen) ist die Grundlage für Leben. (Siehe dazu auch das Kapitel »Kraftort Wald«, Seite 47 ff.)
Die Rückbesinnung auf die ureigene Spiritualität ist somit nicht nur ein persönlicher Weg, sondern sogar ein Auftrag an eine ganze Gesellschaft, die auf der Suche nach Sinn in ihrem Leben ist.

SINGEN, SUMMEN, TÖNEN

Dabei ist es so einfach, denn wir brauchen nur aus vorhandenen Ressourcen zu schöpfen. Eine solche ist auch die eigene Stimme. Damit taucht ein weiteres schambesetztes, wenn nicht sogar traumatisierendes Thema auf. Jenseits von Schulunterricht, Schulchor oder Opernbesuchen nimmt das Singen, Summen oder Tönen als musiktherapeutisches Mittel jedoch mittlerweile einen hohen Stellenwert ein. Nicht zuletzt haben Wolfgang Bossinger mit »Singende Krankenhäuser«,[78] Christian Bollmann[79] mit dem »Obertongesang« oder auch Hagara Feinbier mit ihren »Come Together Songfestivals«[80] hier einen großen Dienst für die Rehabilitierung des Singens oder Tönens geleistet und es pionierhaft als Gesundheitsfaktor »etabliert«.

»Meine Füße fest auf Mutter Erde, segnen sie mit jedem Schritt. Meine Liebe fühlt ihren Herzschlag, und mein eigenes Herz schlägt mit.« Dieses Lied von Amei Helm[81] (es kann auch als Kanon gesungen werden) war mein erstes in der Welt der Kraftlieder. Es unter freiem Himmel zu singen, mit den Füßen auf besagter Mutter gehend, war ein zutiefst spirituelles Erlebnis.
Das Singen von Kraftliedern, spirituellen Mantras oder Obertönen ist ein eigenes Universum – doch zeigt sich auch hier die Möglichkeit, in eine tiefe Verbindung mit der Natur zu gehen: zuerst in Resonanz mit unserer eigenen Natur und später auch mit der Natur im Außen.

Mutprobe 2 Gehe zum nächstmöglichen Zeitpunkt hinaus in den Wald und suche dir einen schönen und für dich sicheren Platz. Stelle dich mit beiden Füßen fest auf den Erdboden und atme einige Male tief in den Bauch ein und aus. Starte mit einem Ton und Laut deiner Wahl oder summe (d)einen Laut und spüre dem Klang nach. Werde mutiger und versuche, eine Melodie zu summen oder zu tönen. Und wenn du ein Lied auf den Lippen hast, dann darf auch das hinaus in den Wald.

»Die Welt ist eine optimistische Schöpfung. Beweis: Alle Vögel singen in Dur.« Das ist ein Zitat von Jean Giono, einem französischen Schriftsteller, der sehr mit der Natur verbunden war. Eine Welt ohne das wäre kalt und trostlos; eine Natur ohne Vogelgezwitscher still und leblos.

Das Andocken an die eigene Stimme bewirkt zudem, sich besser im eigenen Körper zu spüren (die Klänge schwingen in dir!) und dass Glückshormone ausgeschüttet werden. Das Lauschen der in Dur singenden Vögel oder des Windes in den Baumkronen kann uns beruhigen und glücklich machen. Es gibt inzwischen in jeder größeren Stadt Gruppen, die das heilsame Singen von Kraftliedern und Mantras anbieten.[82] Auf jeden Fall beglückwünsche ich dich zu deinem Mut, ab sofort singend und tanzend in der Natur zu sein!

Wenn du die beiden Mutproben erst einmal umgehen möchtest oder eher ein stiller Mensch bist, dann ist auch eine meditative Übung ein Weg der Anbindung an die Natur.

▲ Abseits der Waldwege gibt es schöne und ruhige Plätze, um ganz ungestört tanzen zu können.

MIT LEISEN TÖNEN IN DER NATUR IN KONTAKT GEHEN

Einfach nur in der Natur zu sitzen ist jedoch keine leichte Übung. Es gibt Menschen, die das supergut hinbekommen – und andere, die dadurch noch kribbeliger werden. Allerdings gibt es noch mehr Möglichkeiten, sich meditativ mit der Natur zu verbinden.

Das meditative und achtsame Gehen ist eine Entschleunigung, die zunächst ungewohnt scheint. Spazieren gehen[83] klingt altmodisch, obschon es dem entspricht, wie unsere Vorfahren täglich unterwegs waren. Sie brauchten kein Jogging oder Walking, vielleicht mal einen Sprint, um sich aus einer Gefahrenzone zu begeben. In jedem Fall liefen sie täglich mehrere Kilometer.

Beim achtsamen Gehen können die Wirkkräfte auf dem Weg mit allen Sinnen wahrgenommen werden: die Wegbeschaffenheit, die Pflanzen am Wegesrand oder in Sichtweite, der Wind, die Sonne, der Regen, die Düfte, die Vögel, das Rauschen der Blätter, das Knacksen der Bäume im Wald ... Die Füße werden bewusst aufgesetzt und der Schritt und das Tempo verlangsamt. Dazu kommt das sensorische Erleben der umgebenden Natur:

- Wie fühlt sich diese Baumrinde an?
- Wie fühlen sich die unterschiedlichen Baumrinden im Wald an?
- Wie duftet eine Blüte? Oder warum nicht?

▲ Tautropfen auf einem Frauenmantelblatt: Der Fokus auf ein Detail schenkt schöne Momente.

- Wie sieht eine essbare Pflanze, die du erkennst, im Detail aus?
- Ist eine Frucht, die du eindeutig als essbare erkennst, schon reif?

Selbstversorger, die regelmäßig Sammelspaziergänge im Wald und auf der Wiese unternehmen, sind fast automatisch in diesem Modus unterwegs: querfeldein laufen, schauen, entdecken, innehalten, bücken, strecken, pflücken, anschauen, riechen, weiterlaufen usw. Alle Sinne und Muskelgruppen laufen auf Hochtouren – und nach einem solchen Spaziergang gibt es dann gleich mehrere Höhepunkte: Sammelgut für die Küche, abwechslungsreiche Bewegung, frische Luft, Sonne und Sinnesschulung.
Darum laden wir dich nun herzlich ein, ein achtsames Nach-draußen-Gehen auszuprobieren. Alleine! Ohne Hund! Beim ersten Spaziergang gehst du nur raus und schaust dir bewusst deinen Wald oder deinen Park an, vielleicht schon am frühen Morgen. Achte auf die Pflanzen am Wegesrand, auf die Bäume und Sträucher. Suche dir Wege abseits vom Hauptweg und präge dir alles genau ein. Schau, wo es dich hinzieht: zu einem Baum, einem See, einer Lichtung? Was fühlt sich besonders oder gar magisch an? Beim zweiten Spaziergang darfst du dann einen Sammelbeutel mitnehmen, für die dir bekannten essbaren Wildpflanzen.

EINSSEIN MIT DEN NATURKRÄFTEN

Hast du nach einiger Zeit deinen Lieblingsplatz gefunden, dann verweile beim nächsten Spaziergang einmal länger dort. Suche dir deinen Baum oder deine Pflanze aus, die an diesem Tag deine Aufmerksamkeit erweckt. Nimm das lebendige Wesen darin wahr und versuche einmal, den Kopf freizubekommen und nur dein Fühlen oder eigenes Erleben wahrzunehmen. Gehe mutig in Verbindung und lass dich bitte nicht ablenken. (Kein: »Wie das wohl ausschaut, wenn mich jemand sieht?«) Gehe auf Herzhöhe mit der Pflanze und lass einfach fließen, was kommen mag. Das kann ein Duft oder eine Botschaft sein, oder einfach nur das Einssein mit den Naturkräften spüren. Es kann auch rein gar nichts sein – und das gilt es nicht gleich zu bewerten. Lass dir ruhig Zeit mit dieser Annäherung an die feinstoffliche Qualität der Natur!

Land Art: Kunst ohne Glamour

Bei dieser Ende der 1960er-Jahre entstandenen Kunstströmung, der sogenannten »Land Art«, geht es um einen gestalterischen Eingriff in eine Landschaft. Frei interpretiert kann es auch das Schaffen eines Kunstwerks in der Natur mit Elementen aus der Natur bedeuten. Dabei wird das Werk am Ort der Entstehung belassen. Vielleicht vergleichbar damit, ein Mandala zu legen, das danach wieder im wahrsten Sinn des Wortes weggefegt wird.

Für dein Land-Art-Projekt braucht es nicht viel Vorbereitung, jedoch etwas Muße, Zeit und deine persönliche Intention – das kann die Bedeutung der Heilung, der Dankbarkeit, der Liebe oder Vergebung sein. Es braucht auch hier eine Prise Mut, um es sich zu »erlauben«, in der Natur gestaltend unterwegs zu sein (irgendwie schon verrückt, dass das Fahren mit Mountainbikes querfeldein über Wurzeln oder das Walken mit Stöcken normal ist). Wenn du magst, dann suche hierfür deinen Kraftplatz oder eher eine versteckte Ecke im Wald auf. Sammle je nach Jahreszeit Äste, Wurzelstücke, Blüten, Blätter, Beeren, Moos, Kräuter, Waldbaumfrüchte, Steine, Federn usw. und lege intuitiv ein Muster, eine Form oder ein Bild. Lass dich führen von den Materialien, die an sich schon ihre eigene Kunst mitbringen – lass dich führen von deinem inneren Bild sowie von den Geschenken der Natur. Sei dir dabei immerzu bewusst, dass das Kunstwerk der Natur gehört; allenfalls ein Foto darf zur Erinnerung gemacht werden. Vielleicht bringst du nach Beendigung dem Wald als Dank einige Nüsse oder getrocknete Beeren mit. Trau dich, ohne Wertung oder »Bilder im Kopf« dieses Werk für die Natur zu (er)schaffen.

Nach diesem ganz erdigen Ritual wirst du vielleicht feststellen, dass es wie pure Meditation war. Dein Kopf war nicht mehr voller Gedanken, sondern einzig fokussiert auf die Geräusche der Umgebung, die Suche nach den Materialien oder auf das entstehende Bild.

Eine weitere, eher handwerkliche Annäherung ist das Herstellen eines Kraftstabes. Auch hier bietet der Wald reichlich passendes Material. Suche dir ein Stück Astholz (20 bis 50 cm Länge), das nicht zu feucht, aber auch nicht zu trocken oder gar morsch ist. Lass dir dafür auch ausreichend Zeit – dieses Stück Holz soll etwas Besonderes für dich werden. Danach kommt die Weiterverarbeitung mit einem Messer, wobei scharfe oder spitze Kanten abgerundet werden und dabei die Maserung hervortreten kann. Hier ist etwas Geschick gefragt.

◂ Eine Rassel oder ein Kraftstab aus Naturmaterialien stärken die Verbindung zu Mutter Erde.

▸ Ein Naturmandala aus Blüten und Kräutern, das im Rahmen eines Festes im Schlossgarten in Stuttgart gelegt wurde.

Schließlich kann der Kraftstab zu Hause deine persönliche Note erhalten: mit Federn, mit Perlen, mit Bändern – einfach mit etwas, das dir nicht nur optisch gefällt, sondern auch etwas bedeutet. Dieser Kraftstab kann dir in Zeiten der Not, der Sorge oder des Kummers helfen, bei dir anzukommen und dich selbst zu verankern. Er kann eine Stütze bei einer Meditation oder auch bei einem wichtigen Telefonat sein.

VOM GROBSTOFFLICHEN INS FEINSTOFFLICHE

Tanzen, Singen, Meditieren, Spazierengehen, essbare Wildpflanzen sammeln – das hat eine Gemeinsamkeit: Es ist kostenfrei! Das sind innewohnende Kräfte, für die es kein Geld braucht. Hier sind wir wieder im nicht messbaren Bereich angekommen, wie schon eingangs erwähnt wurde. Die Wirkung ist mathematisch nicht zu erfassen und doch ist sie unermesslich groß. In der Verbindung mit der Natur kommst du sofort in eine andere Schwingung, zuerst subtil, aber doch spürbar: Es geht dir einfach viel besser!

Alles Lebendige hat nicht nur seine sichtbare, grobstoffliche Form. Alles Lebendige verfügt auch über eine feinstoffliche, nicht sichtbare Form. In der Bereitschaft, sich zu öffnen für eine andere Ebene der Wahrnehmung, eröffnen sich dir neue Wahrheiten. Das ist ein Prozess, der nicht erzwungen oder beschleunigt werden kann. Es braucht eine behutsame Annäherung und auch etwas Geduld. Die Natur da draußen wartet auf dich, darauf, sich in dir ausbreiten zu dürfen.

Netzwerke
der Zukunft

Sehnsucht nach Gemeinschaft

Eine gesellschaftliche Krise bringt gleichermaßen Sehnsüchte und Bedürfnisse der Menschen ans Tageslicht. So steigt in Teilen der Gesellschaft, sowohl bei Jung als auch bei Alt, zunehmend der Wunsch nach neuen gemeinschaftlichen Lebensformen. Die Älteren haben Angst, im Alter alleine und einsam zu sein und ein unwürdiges Dasein mit Pflegenotstand in einem Heim führen zu müssen. Die Jüngeren oder Singles wollen einer ungesunden Isolation entfliehen und eben irgendwie »anders« leben. Dazu gesellt sich auch noch die Sehnsucht nach einer insgesamt heileren Welt, in der ein gesunder Umgang mit allem Lebendigem eingeschlossen ist.

Begriffe wie Permakultur, Solidarische Landwirtschaft, Gemeinschaftsgärten, Humusaufbau, neuartige Landwirtschaft, essbare Landschaften und Städte, Genossenschaften, Wohnprojekte usw. sind Ausdruck einer fundamentalen Veränderung des bisher Gelebten. Gemeinschaftsprojekte wie Ökodörfer gibt es schon seit Längerem, aber als Randerscheinung nicht flächendeckend. Die Wege in ein solches Projekt sind zudem langwierig und benötigen eine gesunde Persönlichkeitsentwicklung mit vorausgehender Selbstreflexion. Es gleicht dem Ausbrechen aus einem gewohnten, oft auch bequemen System – wie ein Verlassen der Komfortzone. Dabei darf diese scheinbar komfortable Lebensweise der vergangenen Jahrzehnte gerne hinterfragt werden, ob sie wirklich so bequem und lebensdienlich ist.

Der Wunsch nach Gemeinschaft scheint etwas Archaisches zu sein. Offenbar entfaltet sich hier tief in uns eine Wahrheit …

WAS IST WIRKLICH WICHTIG IM LEBEN?

Ein Blick in die Natur bestätigt: Flora und Fauna leben schon immer ein gemeinschaftliches System (siehe dazu auch Seite 59 f.). Nimm dir einen Moment Zeit und spüre nach, was das bedeutet: Alle Pflanzen, Pilze und Tiere leben in einer kooperativen Gemeinschaft.

»Survival of the fittest«: Mit dem berühmten Begriff von Darwin[84] assoziiert man meist andauernde Kämpfe, in denen nur der Stärkere überleben kann. Doch er bedeutet – im Sinne

▲ Die Sehnsucht nach einem Leben auf dem Land und nach mehr Naturverbundenheit wird zunehmend größer – damit auch der tiefe Wunsch nach einer „neuen" Lebensform in Gemeinschaften.

von »to fit in« (hineinpassen, übereinstimmen) – die Fähigkeit der Anpassung durch Kooperation! In der Not erwacht im Menschen eine ganz natürliche Gabe: Hilfeleistung ist selbstverständlich und ermöglicht das Hinauswachsen über eigene Grenzen. Jede Naturkatastrophe kann diese Kräfte im Menschen mobilisieren. Im normalen, gemächlichen Lebensalltag gerät diese Haltung allerdings eher wieder ins Hintertreffen. Nun befindet sich die Erde in einem Wandlungsprozess, der uns alle doch über einen längeren Zeitraum hin beschäftigen wird und uns unweigerlich in eine Auseinandersetzung mit uns selbst bringt. Man könnte auch sagen: Die Biografien der Menschen ändern sich in einem rasanten Tempo und ermöglichen ein neues Bewusstsein für das, was wirklich wichtig ist im Leben: Gesundheit, Freiheit, Selbstbestimmung, Selbstverwirklichung, Gemeinschaft, Freude, Bewegung und Liebe – und infolgedessen ehrliche Nahrung, echte Heilmittel, Herzensberufe, Seelenfreundschaften und auch das berühmte Dach über dem Kopf.

Doch wie kann ein kooperatives Zusammenleben gelingen? In einer Welt, in der wir von Kindesbeinen an gelernt haben, welche große Bedeutung Wettbewerb und Gewinnsteigerung haben. In einer Welt, in der es nur um Leistung geht, egal wo wir hinschauen. Dabei ist nicht nur Kindergarten, Schule, Studium oder Job gemeint – auch in der Landwirtschaft geht es genauso um Ertragssteigerung und Gewinne und nicht primär um ein Handeln, das die Natur langfristig schützt. Die Liste kann hier weitergeführt werden ...

Es braucht neue Wege, die aus dem Denkmuster des Gewohnten schrittweise herausführen können. Tatsächlich gibt es sie (teilweise) schon: mit allen Gemeinsamkeiten und Unterschieden sowie Vor- und Nachteilen, die eine solche Übergangszeit, in der wir uns befinden, mit sich bringt.

Formen der Gemeinschaft sind beispielsweise:

- Genossenschaften und sogenannte Regenerative Genossenschaften[85]
- Gemeinnützige Vereine
- Allmende, Essbare Städte, Gemeinschaftsgärten, Solidarische Landwirtschaft und Ewilpa®[86]
- Food-Kooperationen und Interessensgemeinschaften
- Dorfgemeinschaften, Mehrgenerationenfamilien und Wohnprojekte mit oder ohne gemeinsame Ökonomie und gelebter Vision
- Selbsthilfegruppen

Ein Sprichwort besagt, dass es ein ganzes Dorf braucht, um ein Kind großzuziehen oder zu einem erwachsenen Menschen werden zu lassen. Ergänzend wäre hier zu vermerken: Es braucht auch ein ganzes Dorf, um alte Menschen in Würde altern und sterben zu lassen. In Bezug auf die Dauer der gesamten Menschheitsgeschichte ist die klassische Kleinfamilie ein sehr junges Lebensmodell, das nicht unbedingt als Erfolgsmodell zu sehen ist. Gerade in Krisenzeiten zeigen sich Schwächen oder Problemfelder besonders deutlich. In solchen Momenten werden Lösungen nicht nur gesucht, sondern auch gebraucht!

Die Natur ist im Grunde ein Erfolgsmodell, denn sie regeneriert sich von selbst, natürlich nur ohne die gewaltvolle Einwirkung einer Menschenhand.

Wer einmal intensiv einen Zyklus essbarer Wildpflanzen durchlebt hat, sieht die Welt mit anderen Augen. Wenn im Frühling die Pflanzen sprießen, der Sommer die Fülle und der Herbst die Farben schenkt, dann wird der Winter ganz anders wahrgenommen. Da unweigerlich wieder ein neuer Frühling kommt, werden diese Prozesse nunmehr mit wacheren Augen gesehen. Vor allem entwickelt sich ein Bewusstsein für die große Regenerationskraft der Natur. Das »Sterben« im Winter ist in Wahrheit ein Ruhen, um Kraft zu schöpfen – eben eine perfekte Regeneration für den Neubeginn.

Gesellschaftsmodelle der Zukunft

Das Modell, sich beispielsweise in der anerkannten Gesellschaftsform einer Genossenschaft[87] zu verbinden, ist im Grunde uralt. Man könnte sogar sagen, dass es schon immer so funktioniert hat, denn es entspricht dem Urbedürfnis nach Grundversorgung und Sicherheit der Menschen.

Es gibt jedoch noch einen weiteren Aspekt, dem gerade in diesen Zeiten eine noch größere Bedeutung zukommt: die Chance, in der Gemeinschaft nicht nur teilhaben, sondern auch sein Potenzial entfalten zu können. Was wäre, denn du an jedem neuen Tag deine Talente voll und ganz ausleben könntest? Wenn du dich voll und ganz in eine Sache einbringen könntest und so dein ganzes Wesen zum Ausdruck kommen würde? Wäre das nicht wunderbar? Ja, wenn ...

DEINE ENTFALTUNGS-MÖGLICHKEITEN NUTZEN

Eine Pflanze schöpft grundsätzlich immer ihr ganzes Potenzial aus. Sie käme gar nicht auf die Idee, etwas anderes zu sein oder zu werden als eben das im Samen angelegte Potenzial, aus dem sie schließlich heran- und herauswächst, um ihr ganzes Wesen zu entfalten – bis hin zur Weitergabe ihrer Fähigkeiten. Ein Löwenzahn bleibt ein Löwenzahn, er gibt sein Bestes und möchte auch kein Gänseblümchen sein.

Da haben wir Menschen es doch schwerer – es gibt so viele Möglichkeiten, für die wir uns entscheiden müssen, insbesondere was unsere Berufswahl betrifft. Und sind wir später im Job, dann engt uns unter Umständen eine definierte Arbeitsstelle ein oder setzt uns gar unter Stress. Doch die Einzigartigkeit des Menschen ist eine Qualität, die ihren Entfaltungsraum braucht. Ohne diesen Raum verkümmert sie und setzt eine Negativspirale in Gang, die zu Krankheiten, Ausfällen bis hin zu Depressionen oder Suchtverhalten führen kann. Im schlimmsten Fall führt es zu einer Mobbing- oder Burnout-Situation, die keinesfalls lebensdienlich ist.

Ein Dilemma, das auch der Gehirnforscher Prof. Dr. Gerald Hüther erkannt hat. In zahlreichen Videos und Publikationen hält er ein Plädoyer für die Potenzialentfaltung von Kindern, aber auch von Erwachsenen.[88] Auf seiner Internetpräsenz steht: »Jedes Leben strebt danach, sich zu entfalten.« Das ist wie ein Grundbedürfnis oder sogar Grundrecht (um sich wieder den Wortsinn zu verinnerlichen)! Selbstverständlich benötigt die Entfaltung den richtigen Nährboden. Hier geht es uns Menschen wie den Pflanzen und umgekehrt auch.

Für eine Wildpflanze ist die »Aufgabenstellung« natürlich: Denn sie entfaltet sich nur in voller Größe, wenn die Bedingungen stimmen. Ist ein Wuchsjahr recht trocken, werden feuchtigkeitsliebende Pflanzen keine Chance haben – dafür kommen die Pioniergewächse oder mediterrane Kräuter zum Zug. Bei einer Kulturpflanze dagegen braucht es den richtigen Humus und Standort sowie die entsprechende Wasserzufuhr, um ein gutes Ergebnis erzielen zu können; im besten Fall noch die passende Nachbarpflanze, die den Wuchs sogar unterstützt und nicht unterdrückt.

GEMEINSCHAFT LEBEN

Doch zurück zu den Gemeinschaften und ihren Formen. Bei allen Anlaufschwierigkeiten, die eine solche mit sich bringt, liegt jedoch genau darin eine große Chance für eine friedliche Zukunft der Menschheit: Die Gemeinschaft schließt ein und nicht aus! Das ist eines der wichtigsten Merkmale, die sich beispielsweise in den Kommunikationsempfehlungen im »Wir-Prozess« nach Scott Peck wiederfinden (siehe dazu auch Seite 148).

Die Auseinandersetzung mit dem Genossenschaftsmodell ist komplex, und eine ausführliche Auseinandersetzung mit dem Thema würde hier den Rahmen sprengen. Es gibt jedoch einen gemeinsamen Nenner: Grundsätzlich geht es um die »Lebensdienlichkeit« für die Mitglieder einer solchen Genossenschaft (im Gegensatz zur »Systemdienlichkeit« – welches System es auch immer ist). Die Genossenschaft ist für die Menschen da und nimmt sie an den sensiblen Punkten des Menschseins mit. In der Regenerativen Genossenschaft steht sogar die persönliche Entfaltung im Vordergrund. Dazu kommen ganz rudimentäre Aspekte der Grundversorgung: gesunder Humusaufbau, gesunde Nahrung, Energiegewinnung, Gemeinschaftsgefühl, Mitwirksamkeit, Bildung und Weiterentwicklung der Persönlichkeit. Ein gemeinnütziger Verein kann diese Aufgabe auch zum Teil erfüllen – je nach Zweck der Vereinsbildung.

Was sind deine Grundbedürfnisse, die im Moment nicht befriedigt werden? Welche Sehnsucht in Bezug auf Gemeinschaft oder Zugehörigkeit macht sich jetzt beim Lesen spontan in dir breit? Hast du den Wunsch, dein Leben womöglich grundlegend zu ändern (und weißt nicht, wie)? Fühlst du dich einsam?

Gerade der Aspekt des sozialen Zusammenhalts spielt auch im Forschungsbereich der Langlebigkeit bestimmter Kulturen eine Rolle. Der Gesundheitsforscher Marcus Lauk[89] hat sich auf eine Weltreise begeben, um zu untersuchen, wo die ältesten und gesündesten Menschen leben. Sein Bücher *100 Jahre erfüllt leben* und *Steinalt & kerngesund* geben Aufschluss über die Faktoren der Langlebigkeit: Ganz entscheidend sind der soziale Zusammenhalt und gesunde Beziehungen.[90] Im Grunde nichts anderes als in einem Permakultur-Garten. Hier unterstützen sich die passenden Pflanzen gegenseitig. Keine Pflanze steht solitär, nicht einmal ein großer Baum. Unter ihm wachsen Brennnesseln oder andere gesunde Wildpflanzen, und seine Wurzeln liefern wichtige Botenstoffe und bilden so ein Myzel (siehe auch Kapitel 5, »Kraftort Wald«).

Allmende-Flächen, das Ewilpa®-Prinzip, Gemeinschaftsgärten und die Solidarische Landwirtschaft erfüllen das Bedürfnis nach Grundversorgung, in die man sich helfend mit einbringen kann, ja sogar muss. Das Prinzip der Allmende-Flächen stammt noch aus frühen, mittelalterlichen Zeiten, in denen die Bewohner grundsätzlich Zugang zu gemeinschaftlichen Flächen wie Wälder (Holz und Nahrung), Seen (Fische und Wasser) oder Wiesen (Nahrung) hatten. Später, im 15. und 16. Jahrhundert, beanspruchten die Herrschenden diese Flächen und machten sie zu ihrem Eigentum – was zu Hunger und Armut führte ...

NAHRUNGSSICHERUNG ALS GEMEINSCHAFTSMODELL

Eigentlich hindert uns doch nichts daran, dieses Prinzip wieder einzuführen. Das berühmteste Beispiel hierzulande ist die »Essbare Stadt« in Andernach,[91] die seit 2010 immer mehr in das öffentliche Bewusstsein gerückt ist. Inzwischen gibt es zahlreiche Dokumentationen und Berichte darüber. Weitere Städte (z. B. Kassel, Kiel, Jena)[92] haben das Konzept ebenso umgesetzt. Ursprünglich und erstmalig wurde die Idee der essbaren Stadt 2007 in der englischen Stadt Todmorden realisiert, und zwar von den Bürgern selbst, die ihre Lebenssituation ändern wollten.

Was alle essbaren Städte gemeinsam haben: Sie bauen größtenteils Kulturpflanzen wie Kartoffeln, Tomaten, Zucchini, Kürbis, Kräuter und Beerensträucher an. Die Betreuung solcher Flächen ist intensiv, da diese je nach Witterung auch regelmäßig bewässert beziehungsweise umsorgt werden müssen. Doch durch die Betreuung der Pflanzen entstehen auch Kontakte, man trifft und engagiert sich, was den sozialen Aspekt fördert. Dabei wird gefachsimpelt und Wissen weitergegeben, wie es früher einmal war – und gerade jetzt so dringend wieder gebraucht wird!

ALLMENDE NEU GEDACHT

Große Flächen nach dem Ewilpa®-Prinzip zu erschaffen, ist ein gänzlich neues Konzept, das der Autor Dr. Markus Strauß 2015 als Initiator der Stiftung EssbareWildpflanzenParks (Ewilpa®) ins Leben gerufen hat.

Bei der Gestaltung dieser Parks werden essbare Kräuter und Wildpflanzen, Stauden, Sträucher und Bäume gepflanzt, um diese dann kontrolliert verwildern zu lassen. Der »Essbare Wildpflanzenpark« ist je nach den örtlichen Gegebenheiten möglichst vielfältig angelegt und mindestens 3000 Quadratmeter groß: Baumhaine und Hecken, Wiesen, Beeren- und Kräutergärten, Streuobstwiesen, Brachflächen und Feuchtgebiete ergeben im harmonischen Zusammenspiel sowohl ein artenreiches Bio-

Ewilpa: der Essbare Wildpflanzenpark

1	Eingangsbereich mit Infotafeln, Radständer, E-Mobility-Ladestation	**8**	Streuobstwiese
2	Ökohaus mit Seminarraum/ Klassenzimmer, Küche, WC	**9**	See
3	Trockenbiotop	**10**	Feuchtwiese
4	Küchen- und Heilkräuter	**11**	Beeren
5	Wildkräuterwiese	**12**	Baumhain (z. B. mit Linde, Esskastanie, Walnuss, Maulbeere)
6	Wildgemüsestauden	**13**	Wildfruchtallee
7	Ackerbrache für Wildgemüse	**14**	Wildfruchthecken
		15	Feuerstelle

top als auch eine idyllische Erholungslandschaft. In Anlehnung an den alten Allmende-Gedanken steht ein »Essbarer Wildpflanzenpark« allen Menschen zur unentgeltlichen Versorgung mit hochwertigen Lebensmitteln aus der Natur offen. Im Sinne der Permakultur besteht ein Ewilpa® aus Ergänzungszone und Wildniszone.
Die Ziele solcher Parkprojekte sind vielseitig. Mit der bisherigen Erfahrung der umgesetzten Projekte[93] können wir feststellen, dass jede Fläche ihre eigenen Schwerpunkte oder Besonderheiten herausbildet. Die wichtigsten Ziele sind:

- Bildung für Jung und Alt durch Wiederbelebung von altem Wissen um Pflanzen und ökologische Zusammenhänge; Zubereitung von Speisen, Selbstversorgung; Garten- und Landschaftsgestaltung mit essbaren Wildpflanzen
- Nachhaltige Versorgung der Bevölkerung mit hochwertigen, ehrlichen Lebensmitteln aus der Natur (Wildgemüse, Kräuter, Wildsalate, Beeren, Obst, Nüsse)
- Sozialer Ausgleich durch Wiederbelebung des alten »Allmende-Gedankens«
- Sozialer Treffpunkt in der Gemeinde, im Wohnviertel oder im Stadtteil (gemeinsames Sammeln unter Anleitung, Vorträge, Kochkurse, gemeinsame Mahlzeiten)
- Ökologische Ausgleichsfläche: Ein Essbarer Wildpflanzenpark ist sehr artenreich, bietet vielen Wildtieren einen Lebensraum, die natürliche Bodenfruchtbarkeit und der Wasserhaushalt regenerieren sich.
- Erholungsgebiet/Naherholung
- Die Einrichtung eines Essbaren Wildpflanzenparks ist ein wertvoller Beitrag zur nachhaltigen Stadtentwicklung.

Selbstverständlich kann das Ewilpa®-Prinzip auch auf kleineren Flächen wie Gemeinschafts- und Privatgärten oder im Rahmen einer Solidarischen Landwirtschaft umgesetzt werden. Auch ein biologisch bewirtschafteter Hof (Bioland, Demeter) kann auf einer Fläche ein solches Prinzip anwenden und dabei das Wilde sowie die Kultur der Pflanzen zusammenbringen – nicht nur optisch, sondern auch geschmacklich.
Sinnvoll ist in jedem Fall die Kombination mit einer bestehenden Permakultur. Deren Grundprinzipien zu verstehen, ist ein eigenes Thema, zu dem es zahlreiche Bücher gibt. Dennoch darf hier ein wichtiger Aspekt der Permakultur nicht fehlen: die optimale Zusammensetzung der sich gegenseitig fördernden und nährenden Pflanzen und Pflanzenfamilien innerhalb einer als Ganzheit angelegten Fläche. Dabei werden Humusaufbau und Artenvielfalt optimal gefördert. Eine zu trockene oder zu nasse Witterung kann aufgrund der »Bauweise« abgemildert werden. Permakultur bedeutet im Wortsinn »dauerhafte Landwirtschaft«.[95] Die Fläche wird nicht wie im herkömmlichen monokulturellen Anbau abgeerntet und dann in eine temporäre, winterliche Brache übergeführt, sondern die Bepflanzungen (Bäume, Sträucher und Stauden) überdauern und schaffen so ganzjährig lebendige Nahrung.
Dieses Gemeinschaftsgefühl innerhalb des Pflanzenuniversums muss sich aus der Sicht der Pflanzenseele gigantisch anfühlen!

Der Wir-Kreis

Das war nur ein kleiner Ausflug in ein großes Gebiet zur Versinnbildlichung des Themas. Unter den Menschenkindern ist das gemeinschaftliche Zusammenleben deutlich komplizierter. Davon kannst sicher auch du ein Lied singen. Es fängt ja schon in einer Zweierbeziehung an, geht weiter über die Herkunftsfamilie, den Freundeskreis, die Kollegen im Job und endet eben in Gruppen und Gemeinschaften. Muss für ein Projekt die beste Lösung gefunden werden, mit der alle leben können oder gar müssen, braucht es geregelte Abstimmungsprozesse, zu denen sich jeder committen kann. Demokratische Vorgehensweisen, bei der eine Mehrheit gewinnt, berücksichtigen nicht die Bedürfnisse der Minderheit. Was Gerechtigkeit in Gemeinschaften betrifft: Dieses Rad muss zum Glück nicht neu erfunden werden ...

KREISKULTUR PLUS KOMMUNIKATION

Bei allen Herausforderungen ist ein Kreis die Lösung. Um konkret zu sein: die Kreisform als Grundlage für kommunikative Prozesse. Gut, zwei Menschen können keinen Kreis formen, jedoch ab drei Personen klappt das hervorragend (ähnlich dem Bild von Ringelreihen). Sobald sich Menschen in Kreisform gegenübersitzen, gibt es kein Gegeneinander und kein Hintereinander mehr. Ein In-den-Rücken-Fallen ist auch nicht möglich, denn alle Beteiligten können sich anschauen. Verbindet man in Gedanken alle Augenpaare im Kreis wie einen Faden miteinander, würde ein starkes, sich vernetzendes Gewebe entstehen. Eine Kreiskultur bietet somit eine stabile Grundlage für ein neues Miteinander, denn niemand ist dort ausgeschlossen und jeder kommt zu Wort.

Stell dir eine angespannte Situation vor, in der du dich gerade befindest. Nun setze gedanklich alle daran Beteiligten mit dir zusammen in einen Kreis und stelle dir vor, wie nun jeder zu Wort kommt und jeder ausreden kann. Was macht das mit dir?

Konflikte innerhalb von Gemeinschaften können also über kommunikative Lösungsansätze bewältigt werden. Die Grundlage ist die Schaffung eines Redekreises, mit oder ohne Redestab, in jedem Fall mit allem Respekt dem Einzelnen und der Gruppe gegenüber. Jeder erhält seine Redezeit, keiner überzieht diese, und jeder hört dem anderen achtsam zu. Damit wird jeder gesehen, gewürdigt und wertgeschätzt.

Im Rahmen dieses Kreises können schließlich Abstimmungsmodule wie das »Systemische Konsensieren«, auch »SK-Prinzip« genannt, stattfinden, was grob gesagt bedeutet, dass beim Anwenden dieses Prinzips niemand mehr einen Widerstand aufbauen kann.[96] Auch die von Scott Peck entwickelten Kommunikationsempfehlungen[97] erleichtern ein Aufspüren der wunden Punkte, die eine Entwicklung einer Gemeinschaft behindern, sei es geistig oder konkret materiell. Je verletzlicher wir uns hier im Kreis zeigen, desto größer ist die Chance auf Heilung.

Es gibt inzwischen viele Gruppen- und Redekreise, die diese Prinzipien als Übung oder Workshop ausprobieren oder in Gemeinschaften konkret anwenden. Darüber hinaus gibt es noch andere Methoden innerhalb der Kreiskultur, die ähnlich funktionieren. Wichtig ist, das Prinzip zu verstehen, denn es erfordert ein Umdenken, was Gewohnheiten und Glaubenssätze betrifft. Unser Gehirn muss sich quasi neu verschalten, um diese neuartigen Netzwerke von kreisbildenden Menschen zu verstehen oder gar als selbstverständlich für die Zukunft zu verinnerlichen.

FINDE DEINEN PLATZ IM NETZWERK DER ERDE

Innerhalb dieses Kreises gelingt es uns Menschen, in der für uns vorgesehenen Rolle, an dem für uns im Netz des Lebens vorgesehenen Platz anzukommen. Im Gefühl des Geborgenseins innerhalb einer Gemeinschaft lässt sich das ganz gut verdeutlichen. Dabei geht es um mehr als die Sicherung des Lebens. Eine Ausgrenzung aus einer Gemeinschaft ist dagegen wie Höchststrafe für die menschliche Seele – diese Erfahrung kann nicht nur unangenehm, sondern so belastend sein, dass eben doch bei etwas »mitgespielt« und dabei das eigene Herz übergangen wird.

Das Wissen, innerhalb der Natur geborgen zu sein, lässt uns alle ahnen, wohin der Weg in eine fürsorgende Zukunft gehen kann. Doch das muss noch eingeübt werden. Das Vertrauen in die Natur und ihre Prozesse muss oft erst aufgebaut werden – gar am eigenen Körper mit Haut und Haar erlebt werden. Eine Selbstversorgung mit essbaren Wildpflanzen kann ein erster Schritt sein. Diese mündet in Selbstverantwortung, Selbstverwirklichung und Selbstbewusstsein. Ein Bewusstsein für die Kräfte aus der Natur ist also ein erster Schritt. Dieses andere oder veränderte Bewusstsein schafft ein neues Verständnis des Menschenbildes. Aus dem beliebten Satz »Macht euch die Erde untertan« wird so »Wir sind die Hüter der Erde«. Wir sind uns dessen vollkommen bewusst, dass wir alle vereint und vernetzt diese Aufgabe zusammen meistern.

Für uns ist gesorgt –
für dich ist gesorgt!

Zu guter Letzt

Wir sorgen für Mutter Erde!

Nun hast du in den 12 Kapiteln dieses Buches Körper, Geist und Seele als Ganzheit erfahren und bist vielleicht schon auf dem Weg, jeden Tag ein wenig mehr Wildes in dein Leben zu lassen. Gratulation für jeden deiner Schritte, die dich in eine wilde Verbundenheit mit der Natur und damit in dein eigenes Ganz-Sein hineinführen.

Was kann nun die Konsequenz für dein Handeln sein? Im Grunde geht es doch um das Bewusstsein der großen Zusammenhänge zwischen Mensch und Natur: Mutter Erde sozusagen als Bindeglied. Wenn dich das neu Gewonnene voll und ganz durchdrungen hat (es geschieht mit dir), wirst du dich zu einem Hüter und einer Hüterin von Mutter Erde hineinentwickeln. Du gehst schließlich aus einer eher passiven Haltung heraus in eine bewusste Aktion; du kommst ins Handeln. Das bedeutet: Du sorgst für Mutter Erde!

Robin Wall Kimmerer schreibt in ihrem Buch *Geflochtenes Süßgras*: »Wir müssen erst um unseren Planeten trauern, bevor wir ihn lieben können«.[98] Diese tiefe Trauer angesichts zerstörter Ökosysteme, Monokultur, verseuchtem Grund- und Trinkwasser, Pestiziden, traurigen Lebensmitteln, Tierquälerei, Einsamkeit und fehlender Spiritualität leitet diesen Bewusstseinsprozess ein und erweckt die Kräfte, die es jetzt braucht. Auch wenn es nur ein erster Schritt mit den jungen Löwenzahnblättern des Frühlings ist: Es geht bei allem um das verinnerlichte Wissen, mit dem du dein Leben auf Mutter Erde gestaltest. So wie jede Pflanze »weiß«, wie ökologische Wunden geheilt werden können, indem sie pionierhaft solchermaßen Verletzungen mit den entsprechenden Wildpflanzen besiedelt und wie ein schützendes Pflaster eine Gesundung ermöglicht – so werden wir alle Pioniere einer neuen Zeit. Wenn alle Menschen die Muttererde mit diesem Bewusstsein erneuern, dann erneuert die Muttererde uns selbst als Menschheit. Unsere Erde ist unsere Identität!

Die Themen rund um den Ackerboden, die Nahrung oder die Zyklen zwischen Geburt und Tod sind mit weiblichen Qualitäten besetzt. Das soll an dieser Stelle keine Schublade oder gar Wertung sein. Eine Mutter ist eine Mutter und bleibt eine Mutter. »Pachamama«, Mutter Erde, wie sie bei manchen indigenen Völkern Südamerikas liebevoll genannt wird: Sie ist überaus großzügig und gütig und für die Menschen da. Werde dir jetzt deiner Verbindung zu dieser weiblichen Kraft bewusst und erwecke sie zum Leben. Darum der Aufruf an alle Men-

▲ Kinder spüren noch intuitiv ihre Verbundenheit mit der Natur und können sie spielerisch und unbeschwert erfahren.

schen: Bitte, macht euch auf, als Frau das Weibliche, Mütterliche und Nährende in allen Bereichen des Lebens zu integrieren (Mutterschaft und Schöpferkraft hat viele Gesichter) und als Mann den weiblichen Anteil in dir anzuerkennen, zu heilen und zu leben. Die Wiederherstellung der Beziehung zu Mutter Erde geht auch über das Erkennen, dass das Weibliche sich selbst dient, so wie die Natur sich selbst dient. Es wird somit ein tiefgehender Heilungsprozess eingeleitet – für die Erde und für alle Wesen, die auf ihr leben. Es mutet wie eine spirituelle Neugeburt von Mutter Erde an. Der weibliche Weg ist nichts dabei Trennendes, nichts Ausgrenzendes, auch nichts Entwertendes. Der weibliche Weg schließt ein und nicht aus und verbindet uns alle mit der Urkraft der Natur: mit dem Boden unter unseren Füßen und dem Himmel über unseren Köpfen. Wir stehen so alle miteinander im Kreis und schauen uns an und erkennen uns als schöpferische Wesen, die einen gemeinsamen Auftrag haben. Das kraftvolle Bild eines Kreises kann uns dabei helfen, diese Verbindung immer wieder herzustellen, wenn wir uns von dieser Welt verlassen oder verloren fühlen. In diesen Momenten der Wiederherstellung dieser Kräfte spüren wir die geniale Verbindung:

Wir sorgen für Mutter Erde – und Mutter Erde sorgt für uns!

Anmerkungen

1. www.ugb.de/downloads/pdf/other/VEBU_vegetarische_Pyramide.pdf
2. Eine gute Auswahl an Entsaftern bietet die Firma Keimling Naturkost: www.keimling.de/entsafter/
3. Handpresse für grüne Blattgemüse und Kräuter unter www.nakurapie-shop.de/p/lexen-saft-presse-healthy-juicer-handpresse-fuer-gruene-blattgemuese-und-kraeuter-bpa-frei-slowjuicer
4. Quelle: www.de.statista.com/statistik/daten/studie/2809/umfrage/pro-kopf-verbrauch-von-mineral-und-heilwasser/Abgerufen am 14.02.2023
5. Fritz-Albert Popp: Die Botschaft der Nahrung. Unsere Lebensmittel in neuer Sicht, Fischer Taschenbuchverlag 1993
6. www.broeckers.com/Popp.htm
7. www.soyana.ch/
8. www.bio-nichtbio.info/das-buch/A. W. Dänzer: Die unsichtbare Kraft in Lebensmitteln. BIO und NICHTBIO im Vergleich, Verlag Bewusstes Dasein, Schlieren/Zürich 2014
9. www.umweltbundesamt.de/umwelttipps-fuer-den-alltag/essen-trinken/biolebensmittel#hintergrund
10. Anbau aus samenfestem Saatgut: Das bedeutet, dass die Pflanze Samen bildet und dieselben Eigenschaften wie die Mutterpflanze hervorbringen kann. Im Gegensatz dazu stehen die Hybridsamen (auch im Biobereich werden häufig sogenannte F1-Hybride verwendet, die keine Samen ausbilden können).
11. Siehe dazu auch: Dr. Markus Strauß: Artgerecht. 13 Thesen zur Zukunft des Homo sapiens, Kosmos Verlag 2019, S. 23 f.
12. Oxybenzone und Octinozate sind Wirkstoffe in Sonnenschutzcremes, die mittlerweile in einigen Ländern am Badestrand verboten sind.
13. www.mein-kraeuterkeller.de/sonnenschutz-natuerlich-alternativen; beispielsweise enthalten die Sonnenschutzprodukte von Dr. Hauschka u. a. Aprikose, Feigenkaktus, Ringelblume, Wundklee sowie hochwertige Öle, um die Eigenkompetenz der Haut zu stärken. www.drhauschka.de/naturkosmetik/sonnenpflege
14. Dafür gibt es einen Fachausdruck: saisonal-affektive Störung (SAD)
15. www.thelancet.com/pdfs/journals/lancet/PIIS0140673602117375.pdf
16. Siehe auch: Kyra Kauffmann, Sascha Kauffmann: Natürlich high. Die körpereigenen Glückshormone aktivieren, Systemed im Riva Verlag 2020, S. 92 ff.
17. www.luftbad-verein.de/
18. www.weleda.de/magazin/gesundheit/sonnenbrand
19. Der Hinweis in der Roten Liste lautet hier: »Die Wirkung der Pille als Verhütungsmittel kann eingeschränkt sein.«
20. Siehe auch Adelheid Brunner: Pflanzen-Schamanismus. Sich mit der Natur verbinden, Kosmos Verlag 2018
21. www.sonnenallianz.spitzen-praevention.com/mythen-behauptungen-tatsachen/
22. Kyra Kauffmann, Sascha Kauffmann: Natürlich high, S. 92 ff.
23. In Deutschland gibt es 11 419 124 Hektar Wald. Waldbesitzer sind der Bund, die Länder, Körperschaften und private Waldbesitzer. Fast die

Hälfte des Besitzes ist Privatwald. Jedes Bundesland in Deutschland hat einen eigenen Forstbetrieb, dessen Aufgabe es ist, den Wald zu bewirtschaften. Siehe auch unter www.forsterklaert.de/wem-gehoert-der-wald

24. Im Wahrig Herkunftswörterbuch wird der Begriff Wald aus »folt« oder »falt« im Sinne von »Haarschopf , Laubwerk oder belaubte Zweigspitzen« hergeleitet und lässt auf die Ausgangsbedeutung »Büschel, Laubwerk, Baumkrone« schließen; auch eine Verwandtschaft mit dem lateinischen *vellere* für »rupfen« könnte vorliegen, da es früher üblich war, Laub von den Bäumen zu rupfen, um es anschließend an die Tiere zu verfüttern. Quelle: www.wissen.de/wortherkunft/wald
25. Siehe auch Wolf-Dieter Storl: Pflanzen der Kelten, AT Verlag 2000, S. 185 ff.
26. Naturgüter wie Bau- und Feuerholz aus den Wäldern wurden in keltischer und germanischer Zeit grundsätzlich gemeinschaftlich genutzt; das Privateigentum als Rechtsform wurde erst im Römischen Reich eingeführt.
27. Plentern bezeichnet eine Bewirtschaftungsform, bei der immer nur einzelne Bäume gefällt werden. Dort sind alle Altersklassen vom Keimling bis zum Baumriesen vertreten; ein artenreicher Mischwald mit hohem Anteil an Schattenkeimern wie Weißtanne und Buche, jedoch auch mit Lichtkeimern. Weißtanne, Buche und Fichte sind Hauptbaumarten; Eschen, Linden, Ahorn, Ulmen und Eichen Nebenbaumarten. Der Begriff wurde Anfang des 18. Jahrhunderts geprägt.
28. Man teilt diese noch grob in sogenannte »Limonene« und »Pinene« ein.
29. Siehe auch Doppelblindstudie unter Laborbedingungen an Nippon Medical School in Tokio mit dem Einwirken von Terpenen in geschlossenen Räumen eines Hotels. Zudem Untersuchungen zur Wirkung von Terpenen in der Krebstherapie in den USA, die schon 1984 von Roger Ulrich in Sience veröffentlicht worden sind. Quelle: Clemens G. Arvay: Der Heilungscode der Natur, Riemann Verlag 2016
30. Beispielsweise von Primavera, Taoasis oder Young Living
31. Zu Räuchermethoden und Räucherstoffen gibt es, insbesondere von Christine Fuchs, eine vielseitige Auswahl an Büchern; www.kosmos.de/de/rauchern-mit-weihrauch-und-heimischen-harzen_1158975_9783440158975
32. Siehe auch Ursula Stumpf; Vera Zingsem; Andreas Hase: Mythische Bäume , Nymphenburger 2021, S. 130 ff.
33. Siehe auch Markus Strauß: Die Wald-Apotheke, Knaur MensSana 2017
34. Wim Hof: Die Wim-Hof-Methode, Integral Verlag 2021
35. Buchtipp: Sina Lucia Kottmann: Die Kraft der Elemente, Nymphenburger 2021
36. Lichtkeimer sind Pflanzen, die ausschließlich an einem sonnigen Standort aufkeimen und aufwachsen können. Typische Vertreter sind Pioniergehölze wie die Birke (Betula pendula).
37. Schattenkeimer sind Pflanzen, die auch im Schatten anderer Pflanzen aufkeimen und heranwachsen können. Typische Vertreter sind Arten einheimischer Waldgesellschaften wie die Buche (Fagus sylvatica) oder die Weißtanne (Abies alba).
38. Unter www.dr-strauss.net gibt es die jahreszeitlich passenden Sammeltipps sowie Rezepte.
39. Unsere Lieblinge sind u. a. Baumschule Ahornblatt, Bingenheimer Saatgut, Bioland Gärtnerei Klaus Umbach, Dreschflegel Bio-Saatgut, Staudengärtnerei Gaißmayer, Kräuter- und Wildpflanzengärtnerei Strickler, Rieger-Hofmann, Rühlemann's Kräuter und Duftpflanzen, Syringa Duftpflanzen und Kräuter sowie Wildobstschnecke Gehölze.
40. Siehe auch Kapitel 1 und 2
41. Siehe auch die aktuelle Sammelliste unter www.dr-strauss.net
42. Giulia Enders: Darm mit Charme. Alles über ein unterschätztes Organ, Ullstein Taschenbuch 2021

43. www.destatis.de/DE/Presse/Pressemitteilungen/2023/02/PD23_N009_231.html
44. Siehe auch Lothar Ursinus: Die Organuhr – leicht erklärt. Unseren Energiekreislauf verstehen und Erkrankungen erkennen, Schirner 2016
45. www.zeitraffer.tv
46. www.dr-strauss.net/aktuelle-sammelliste
47. www.dr-strauss.net/rezepte
48. Quellen: www.nabu.de/tiere-und-pflanzen/pflanzen/pflanzenwissen/jahreszeiten.html; LandApotheke Heilpflanzen-Akademie; Dr. Patricia Purker: www.heilpflanzen-akademie.com/startseite-landapotheke/
49. Siehe dazu: Ursula Stumpf: Pflanzengöttinnen und ihre Heilkräuter, Kosmos 2010; Christine Fuchs: Räuchern im Rhythmus des Jahreskreises, Nymphenburger 2022; Susana Garcia Ferreira: Naturrituale im Rhythmus des Jahres, Nymphenburger 2023
50. Erst mit dem Sesshaftwerden und dem Übergang zu Ackerbau und Viehzucht entwickelten sich neue Rituale, um Nahrung und Tiere zu beschützen. Es entstand dadurch eine veränderte Form der Kommunikation mit den Kräften der Natur.
51. Bruce Lipton: Intelligente Zellen. Wie Erfahrungen unsere Gene steuern, KOHA 2016
52. Siehe auch Dr. Markus Strauß: Artgerecht, Kapitel 8
53. Siehe auch bei Sophia Thome: www.sophiathome.com
54. www.piper.de/8-tipps-zur-zyklusstrategie
55. Der Begriff stammt aus Zeiten, in denen Bauern Schweine im Wald gehalten haben. Gab es viele heruntergefallene Früchte, waren die Tiere gut gemästet.
56. Pionierbäume sind Baumarten, die sich auf Brachflächen rasch ansiedeln und die Sukzession, die natürliche Rückkehr der Pflanzen, voranbringen.
57. www.naturundheilen.de/wissensschatz/kurz-notiert/parkbesucher-brauchen-weniger-medikamente/
58. Clemens G. Arvay: Der Heilungscode der Natur, Riemann Verlag 2016, S. 17
59. Der Heilungscode der Natur, S. 19 f.
60. Christiane Habermalz: Anstiftung zum gärtnerischen Ungehorsam. Bekenntnisse einer Guerillagärtnerin, Heyne Verlag 2020
61. www.kulturinsel-stuttgart.org/inselgruen
62. Eine große Auswahl bietet beispielsweise der Onlineshop der Stadtgärtner oder die Mischungen von Waldsamkeit: www.diestadtgaertner.de/collections/samenbomben oder www. waldsamkeit.de/produkt/samenbomben-kaufen/
63. de.luscher-color.com
64. www.farblichtmethode.de
65. Siehe auch Karin Hunkel, Ganzheitliche Farbberatung: www.farb-gefuehl.de
66. www.aura-soma-welt.de/i/geschichte
67. www.axelbuether.de/
68. www.aok.de/pk/magazin/wohlbefinden/entspannung/13-farben-ihre-psychologische-wirkung/
69. www.youtube.com/watch?v=_tmypesRT-2Y&t=1s
70. Carolin Engwert: Indoor-Ernte. Es geht auch einfach, Kosmos Verlag 2021
71. Besonders bei Wassermangel, aber auch auf magerem Boden sind die Triebe hingegen zäh und damit alleine von der Konsistenz her nicht mehr so lecker.
72. Tanzende Blumen können in diesem Video betrachtet werden: www.youtube.com/watch?v=ryUxrFUk6MY
73. Mehr zu Körperhaltungen und Trance unter www.felicitas-goodman-institut.de
74. Robin Wall Kimmerer: Geflochtenes Süßgras. Die Weisheit der Pflanzen, Aufbau Verlag 2021, S. 418
75. www.tanzlinde-peesten.de
76. Inzwischen gibt es sogar eine Kopfhörer-Freitanz-Natur-Bewegung (beispielsweise hier: www.wavetanzen.eu)
77. Mehr dazu bei Michael Reimann: www.michaelreimann.de

78. www.healingsongs.de
79. www.lichthaus-musik.de
80. www.come-together-songs.de/event/come-together-songfestival
81. www.ongnamo-versand.de/amei-helm-der-erde-eine-stimme-geben-buch-musik
82. Bekannte Anbieter solcher Gruppen sind Raimund Mauch, Iria Schärer, Philipp Stegmüller oder eben Hagara Feinbier.
83. Sabine Claus: Auf dem Weg, Jungfermann Verlag 2019, beschreibt 20 Spaziergänge für das seelische Wohlbefinden.
84. Siehe dazu auch Dr. Markus Strauß: Artgerecht, S. 301
85. www.thomashann.de
86. www.ewilpa.net
87. Der Begriff »Raiffeisen« geht auf den Sozialreformer Friedrich Wilhelm Raiffeisen zurück. Er entwickelte Konzepte zur Unterstützung unbemittelter Landwirte, für landwirtschaftliche Einkaufsgenossenschaften sowie für Kredite und Erntevermarktung. Die im selben Zeitraum entwickelten Volksbanken haben sich Mitte des 20. Jahrhunderts mit den Raiffeisenbanken zusammengeschlossen.
88. www.potential-entfaltung.academy
89. www.marcus-lauk.de
90. hwww.marcus-lauk.de/gesundes-umfeld-gesuenderes-leben. Marcus Lauk: Steinalt & kerngesund. 100 Jahre erfüllt leben, Draksal Fachverlag 2014. Ders.: 100 Jahre erfüllt leben. Die Geheimnisse zum gesund glücklich sein.
91. www.andernach.de/stadt/essbare-stadt/
92. www.ecowoman.de/haus-garten/garten/das-sind-die-16-schoensten-essbaren-staedte-in-deutschland-9736
93. Mehr dazu unter www.ewilpa.net
94. Siehe beispielsweise Hannelore Zech: Alles aus dem eigenen Garten. Ganzjährig selbstversorgt mit Permakultur, SüdOst Verlag 2021
95. Lateinisch Cultura: Pflege (des Ackers), Bearbeitung, Bestellung, Anbau, Landbau
96. www.sk-prinzip.eu/sk-prinzip/systemisches-konsensieren. »Systemisches Konsensieren (SK) ist eine Methode, die Teams, Gruppen und Gemeinschaften genau dazu befähigt. Doch SK ist nicht nur eine Methode oder ein Werkzeug. Systemisches Konsensieren etabliert eine neue Entscheidungskultur, die viele positive Auswirkungen auf Unternehmen und Organisationen, auf Gemeinden und auf Bildungseinrichtungen, auf Vereine, aber auch auf private Lebensbereiche hat.«
97. M. Scott Peck (Autor): Gemeinschaftsbildung. Der Weg zu authentischer Gemeinschaft, überarbeitete Neuauflage 2014
98. Robin Wall Kimmerer: Geflochtenes Süßgras. Die Weisheit der Pflanzen, Aufbau Verlag 2021, S. 393

Register

Zur Vertiefung

Bücher von Markus Strauß

Immunbooster Natur. Mit Wildpflanzen das Immunsystem auf Vordermann bringen, Knaur MensSana Verlag 2021

Die Wildpflanzen-Apotheke: Essbare Pflanzen, die nähren und heilen, Knaur MensSana Verlag 2020

Die Wald-Apotheke: Bäume, Sträucher und Wildkräuter, die nähren und heilen, Knaur MensSana Verlag 2017

Artgerecht. 13 Thesen zur Zukunft des Homo sapiens, Kosmos Verlag 2018

Reihe »Natur & Genuss«, 6 Bände, Hädecke Verlag 218–2022

Zum Weiterlesen

Arvay, Clemens G.: Der Heilungscode der Natur, Riemann Verlag 2016

Brunner, Adelheid: Pflanzen-Schamanismus. Sich mit der Natur verbinden, Kosmos Verlag 2018

Ferreira, Susana Garcia: Naturrituale im Rhythmus des Jahres, Nymphenburger 2023

Kimmerer, Robin Wall: Geflochtenes Süßgras. Die Weisheit der Pflanzen, Aufbau Verlag 2021

Kottmann, Sina Lucia: Die Kraft der Elemente, Nymphenburger 2021

Stumpf, Ursula; Zingsem, Vera; Hase, Andreas: Mythische Bäume, Nymphenburger 2017

Zech, Hannelore: Alles aus dem eigenen Garten. Ganzjährig selbstversorgt mit Permakultur, SüdOst Verlag 2021

Wildes Sammeln & Gärtnern

Bio-Saatgut, Baumschulen und Staudengärtnereien: www.dr-strauss.net/rezepte/baumschulen-staudengaertnereien-samenfestes-saatgut

Interessengemeinschaft Gesunder Boden: www.ig-gesunder-boden.de

Biologische Pflanzenpflege: www. mack.bio-agrar.de

»Unser Boden, unser Erbe«, Dokumentarfilm 2019: www.wfilm.de/unser-boden-unser-erbe

Permakultur/Mienbacher Waldgarten – Hannelore Zech: www.waldgarten.wordpress.com

Bio-Balkon – www.Birgit Schattling: bio-balkon.de

Pflanzenbestimmung & Pflanzenapp – Dr. Rita und Frank Lüder: www.kreativpinsel.de

Rituale & Naturspiritualität

Altes Wissen – Adelheid Brunner: www.altes-wissen.at

Naturwissen – Sina Lucia Kottmann: www.erdlust.de

Kräuterwissen – Ursula Stumpf: www.kraeuterweisheiten.de

Räucherkunst – Christine Fuchs: www. labdanum.de

Naturtrommeln – Isabel Fischer: www.trommelbau-fischer.de

Trommel- und Rasselbau – Sabine Luise Sudahl: www.oya-seminare.de

Indianische Flöten, Klingende Äste – Gabriele Göbel: www.windamsee.at

Wildes Tanzen, Naturtanzen: www.wavetanzen.eu

Die Autoren

Birgit Matz ist ganzheitliche Gesundheitsberaterin und freie Texterin. In ihrem Lebenshilfeblog schreibt sie über Gesundheit, Natur und Spiritualität. Mit dem Titel *Ganz schön viel Mut* schenkt sie Kraft, in Krisen neue Wege zu gehen. Sie leitet Frauengruppen und Erdheilungskreise und gibt Seminare rund um ganzheitliche Gesundheitsthemen. Als Assistentin unterstützte sie Markus Strauß über viele Jahre hinweg. Am liebsten tanzt sie »wild und frei«. Sie hat zwei erwachsene Töchter und lebt mit ihrem Partner auf dem Land.
www.dasgesundmagazin.de

Markus Strauß ist anerkannter Experte für essbare Wildpflanzen. Neben zahlreichen Veröffentlichungen bietet er zu diesem Thema seit 2013 auch den Hochschul-Zertifikatslehrgang »Fachberater*in für Selbstversorgung« sowie die Online-Ausbildung zum Coach an. 2015 gründete er die Stiftung EssbareWildpflanzenParks (Ewilpa®). Er studierte in Heidelberg Geografie, Geologie und Biologie, arbeitete in landwirtschaftlichen Forschungs- und Entwicklungshilfe-Projekten in Asien und Südamerika und lebt heute als Autor und Dozent auf einem Hof im Allgäu.
www.dr-strauss.net, www.ewilpa.net

BILDNACHWEIS

68 Farbfotos von Frank Hecker: S. 5, 6, 8, 12, 13, 18, 20, 27, 28, 35, 36, 38, 42, 43, 44, 46, 47, 48, 49, 51, 52 (von Blickwinkel), 53, 54, 56, 58, 59, 67, 68, 70, 71, 74, 75, 78, 79, 86, 90, 91, 94, 97, 99 (von Blickwinkel), 100, 102, 104, 105, 107, 109, 116, 118, 120, 121, 122, 125, 126, 127, 130, 133, 134, 138, 149, 151
19 Farbfotos von Markus Strauß: S. 22, 24, 25, 26, 53, 55, 61, 62, 65, 66, 69, 76, 81, 85, 87, 88, 89, 158
7 Farbfotos von Michael Brem: S. 14, 15, 16, 30, 83, 93, 128
4 Farbfotos von Birgit Matz: S. 111, 131, 136, 158
1 Farbfoto von Diethard Verleger: S. 137
7 Grafiken von Wolfgang Lang: S. 10, 11, 21, 23, 33, 145
1 Grafik von Dr. Rita Lüder: S. 92

IMPRESSUM

Umschlaggestaltung von Gramisci Editorial Design, München / Claudia Geffert unter Verwendung eines Farbfotos von Maximilian Gall (Cover), 26 Farbfotos von Frank Hecker, 2 Farbfotos von Michael Hassler und 1 Farbfoto von Birgit Matz.

Mit 99 Farbfotos und 8 Farbzeichnungen.

Unser gesamtes Programm finden Sie unter **kosmos.de/nymphenburger**

MIX
Papier | Fördert gute Waldnutzung
FSC® C110508

Gedruckt auf chlorfrei gebleichtem Papier

ISBN: 978-3-96860-046-8
Projektleitung: Dr. Stefan Raps
Lektorat: Dr. Eva Eckstein
Gestaltungskonzept: Gramisci Editorial Design, München/Claudia Geffert
Gestaltung und Satz: Grafikdesign Storch/Ulrike Vohla, Rosenheim
Produktion: Kim Kanstinger
Druck und Bindung: Westermann Druck Zwickau GmbH, Zwickau
Printed in Germany/Imprimé en Allemagne

Gewürzpflanzen

ECHTE NELKENWURZ

(Geum urbanum)

Wintergrün für Smoothie; junge Blätter für Tee; getrocknete und gemahlene Wurzeln als Gewürz, z. B. für Punsch oder Tee

Junge Blätter: Mai – Juni
Wurzeln: März – April, September – Oktober

STEINKLEE

(Melilotus officinalis)

Blätter für Salat, Kräuteraufstrich; Blüten für Aroma-Zucker, Aroma-Wasser, Limonade, Likör oder Tee

Blätter und junge Sprossen: Mai – September
Blüten: Juni – September

SAMEN DER WILDEN MÖHRE

(Daucus carota)

Samen gemörsert als wildes Gewürz für Suppen, Eintöpfe und Kräutersalz

Samen: August – September
Achtung: Verwechslungsgefahr mit giftigen Doppelgängern!

BRUNNENKRESSE

(Cardamine pratensis)

Für Salat, Dips und Saucen, Pesto, Kräuterquark, auf Butterbrot

Blätter und Triebspitzen: ganzjährig (während Frostperiode im Winter Sammelpause)

BÄRLAUCH

(Allium ursinum)

Für Pesto, Salat, Kräuterbutter und -quark; Blüten für Pesto und Dekoration; Früchte als Pfefferersatz

Blätter: März – Mai
Blüten: Ende April – Mai
Früchte: Ende Mai / Anfang Juni
Achtung: giftige Doppelgänger!

KNOBLAUCHS-RAUKE

(Alliaria petiolata)

Für Pesto, Salat, Aufstrich, Dips, Saucen; Blüten als Dekoration; Samen für Senf

Grundblätter: Herbst – Winter, Frühjahr
Triebspitzen, junge Blätter: April – Juni
Blüten: Mai
Junge Schoten: Juni
Samen: Juli